全国科学技术名词审定委员会

公　布

科学技术名词·工程技术卷（全藏版）

41

土 壤 学 名 词

CHINESE TERMS IN SOIL SCIENCE

土壤学名词审定委员会

国家自然科学基金资助项目

科 学 出 版 社

北 京

内 容 简 介

　　本书是全国科学技术名词审定委员会审定公布的第二批土壤学名词，内容包括：总论，土壤发生、分类和制图，土壤物理[学]，土壤化学，土壤生物学、土壤生物化学，农业化学，土壤生态、土壤肥力，土壤侵蚀与水土保持等八部分，共2 080条。本书对1988年公布的《土壤学名词》作了少量修正，还增加了一些新词，并对95%以上的名词给出定义或注释。本书公布的名词是科研、教学、生产、经营以及新闻出版等部门应遵照使用的土壤学规范名词。

图书在版编目（CIP）数据

科学技术名词. 工程技术卷：全藏版 / 全国科学技术名词审定委员会审定. —北京：科学出版社，2016.01

ISBN 978-7-03-046873-4

Ⅰ. ①科…　Ⅱ. ①全…　Ⅲ. ①科学技术–名词术语　②工程技术–名词术语　Ⅳ. ①N-61　②TB-61

中国版本图书馆 CIP 数据核字（2015）第 307218 号

责任编辑：邬　江　樊　静 / 责任校对：陈玉凤
责任印制：张　伟 / 封面设计：铭轩堂

科　学　出　版　社 出版
北京东黄城根北街 16 号
邮政编码：100717
http://www.sciencep.com
北京厚诚则铭印刷科技有限公司印刷
科学出版社发行　各地新华书店经销
*
2016 年 1 月第 一 版　开本：787×1092 1/16
2016 年 1 月第一次印刷　印张：10
字数：262 000
定价：7800.00 元（全 44 册）
（如有印装质量问题，我社负责调换）

全国科学技术名词审定委员会
第三届委员会委员名单

特邀顾问： 吴阶平　　钱伟长　　朱光亚

主　　任： 卢嘉锡

副主任： 路甬祥　　许嘉璐　　章　综　　林　泉　　黄　黔
　　　　　马　阳　　孙　枢　　于永湛　　张振东　　叶柏林
　　　　　汪继祥　　潘书祥

委　　员（以下按姓氏笔画为序）：

马大猷	王　夔	王大珩	王之烈	王亚辉
王树岐	王绵之	王寯骧	方鹤春	卢良恕
叶笃正	吉木彦	师昌绪	朱照宣	仲增墉
华茂昆	刘天泉	刘瑞玉	米吉提·扎克尔	
祁国荣	孙家栋	孙儒泳	李正理	李廷杰
李行健	李　竞	李星学	李焯芬	肖培根
杨　凯	吴凤鸣	吴传钧	吴希曾	吴钟灵
吴鸿适	沈国舫	宋大祥	张　伟	张光斗
张钦楠	陆建勋	陆燕荪	陈运泰	陈芳允
范维唐	周　昌	周明煜	周定国	罗钰如
季文美	郑光迪	赵凯华	侯祥麟	姚世全
姚贤良	姚福生	夏　铸	顾红雅	钱临照
徐　僖	徐士珩	徐乾清	翁心植	席泽宗
谈家桢	黄昭厚	康景利	章　申	梁晓天
董　琨	韩济生	程光胜	程裕淇	鲁绍曾
曾呈奎	蓝　天	褚善元	管连荣	薛永兴

土壤学名词审定委员会委员名单

第一届委员（1985—1987）

主　任：姚贤良

副主任：袁可能

委　员（按姓氏笔画为序）：

丁瑞兴	王方维	许冀泉	孙　羲	李阜棣
李韵珠	闵九康	沈善敏	张万儒	陈子明
林景亮	周礼恺	赵守仁	郝文英	夏荣基
席承藩	唐克丽	曹升赓	谢建昌	

秘　书：曹升赓(兼)

第二届委员（1987—1990）

主　任：姚贤良

副主任：袁可能

委　员（按姓氏笔画为序）：

丁瑞兴	王方维	许冀泉	李阜棣	李韵珠
杨玉爱	沈善敏	张万儒	陈子明	林景亮
周礼恺	赵守仁	郝文英	夏荣基	席承藩
唐克丽	曹升赓	谢建昌		

秘　书：曹升赓(兼)

第三届委员（1990—1994）

主　任：姚贤良

副主任：袁可能

委　员（按姓氏笔画为序）：

丁瑞兴	王方维	庄卫民	许绣云	许冀泉
李阜棣	李韵珠	杨玉爱	闵九康	沈善敏
张万儒	陈子明	易淑煐	周礼恺	赵守仁
郝文英	夏荣基	席承藩	唐克丽	曹升赓
谢建昌				

秘　书：许绣云（兼）

第四届委员（1994—1998）

主　任：姚贤良

副主任：袁可能　　曹升赓

委　员（按姓氏笔画为序）：

丁瑞兴	王坚	史德明	刘良悟	许绣云
许冀泉	李阜棣	李韵珠	杨玉爱	沈善敏
张万儒	张耀栋	陆长青	陈子明	陈文新
易淑煐	罗汝英	周礼恺	郭鹏程	席承藩
唐克丽	谢建昌			

秘　书：许绣云（兼）

序

科技名词术语是科学概念的语言符号。人类在推动科学技术向前发展的历史长河中,同时产生和发展了各种科技名词术语,作为思想和认识交流的工具,进而推动科学技术的发展。

我国是一个历史悠久的文明古国,在科技史上谱写过光辉篇章。中国科技名词术语,以汉语为主导,经过了几千年的演化和发展,在语言形式和结构上体现了我国语言文字的特点和规律,简明扼要,蓄意深切。我国古代的科学著作,如已被译为英、德、法、俄、日等文字的《本草纲目》、《天工开物》等,包含大量科技名词术语。从元、明以后,开始翻译西方科技著作,创译了大批科技名词术语,为传播科学知识,发展我国的科学技术起到了积极作用。

统一科技名词术语是一个国家发展科学技术所必须具备的基础条件之一。世界经济发达国家都十分关心和重视科技名词术语的统一。我国早在1909年就成立了科技名词编订馆,后又于1919年中国科学社成立了科学名词审定委员会,1928年大学院成立了译名统一委员会。1932年成立了国立编译馆,在当时教育部主持下先后拟订和审查了各学科的名词草案。

新中国成立后,国家决定在政务院文化教育委员会下,设立学术名词统一工作委员会,郭沫若任主任委员。委员会分设自然科学、社会科学、医药卫生、艺术科学和时事名词五大组,聘任了各专业著名科学家、专家,审定和出版了一批科学名词,为新中国成立后的科学技术的交流和发展起到了重要作用。后来,由于历史的原因,这一重要工作陷于停顿。

当今,世界科学技术迅速发展,新学科、新概念、新理论、新方法不断涌现,相应地出现了大批新的科技名词术语。统一科技名词术语,对科学知识的传播,新学科的开拓,新理论的建立,国内外科技交流,学科和行业之间的沟通,科技成果的推广、应用和生产技术的发展,科技图书文献的编纂、出版和检索,科技情报的传递等方面,都是不可缺少的。特别是计算机技术的推广使用,对统一科技名词术语提出了更紧迫的要求。

为适应这种新形势的需要,经国务院批准,1985年4月正式成立了全国自然科学名词审定委员会。委员会的任务是确定工作方针,拟定科技名词术语审定工作计划、实施方案和步骤，组织审定自然科学各学科名词术语，并予以公布。根据国务院授权，委员会审定公布的名词术语，科研、教学、生产、经营以及新闻出版等各部门，均应遵照使用。

全国自然科学名词审定委员会由中国科学院、国家科学技术委员会、国家教育委员会、中国科学技术协会、国家技术监督局、国家新闻出版署、国家自然科学基金委员会分别委派了正、副主任担任领导工作。在中国科协各专业学会密切配合下，逐步建立各专业审定分委员会，并已建立起一支由各学科著名专家、学者组成的近千人的审定队伍，负责审定本学科的名词术语。我国的名词审定工作进入了一个新的阶段。

这次名词术语审定工作是对科学概念进行汉语订名，同时附以相应的英文名称，既有我国语言特色，又方便国内外科技交流。通过实践，初步摸索了具有我国特色的科技名词术语审定的原则与方法，以及名词术语的学科分类、相关概念等问题，并开始探讨当代术语学的理论和方法，以期逐步建立起符合我国语言规律的自然科学名词术语体系。

统一我国的科技名词术语，是一项繁重的任务，它既是一项专业性很强的学术性工作，又涉及到亿万人使用习惯的问题。审定工作中我们要认真处理好科学性、系统性和通俗性之间的关系；主科与副科间的关系；学科间交叉名词术语的协调一致；专家集中审定与广泛听取意见等问题。

汉语是世界五分之一人口使用的语言，也是联合国的工作语言之一。除我国外，世界上还有一些国家和地区使用汉语，或使用与汉语关系密切的语言。做好我国的科技名词术语统一工作，为今后对外科技交流创造了更好的条件，使我炎黄子孙，在世界科技进步中发挥更大的作用，作出重要的贡献。

统一我国科技名词术语需要较长的时间和过程，随着科学技术的不断发展，科技名词术语的审定工作，需要不断地发展、补充和完善。我们将本着实事求是的原则，严谨的科学态度作好审定工作，成熟一批公布一批，提供各界使用。我们特别希望得到科技界、教育界、经济界、文化界、新闻出版界等各方面同志的关心、支持和帮助，共同为早日实现我国科技名词术语的统一和规范化而努力。

全国自然科学名词审定委员会主任

钱 三 强

1990 年 2 月

前　　言

　　1988 年全国自然科学名词审定委员会(现称"全国科学技术名词审定委员会")公布出版的《土壤学名词》,介绍了规范化的第一批土壤学名词 1 621 条,并附有相应的英文名,其中少数名词还附有定义或注释,从而使我国土壤界长期存在的名词混乱、定名不准和用名不当等状况有所改善,在统一土壤学名词方面取得明显效果。但是在第一批公布的名词中,绝大多数名词未给出定义或注释,在进行科技交流时往往因对名词概念的内涵理解不同而受到影响。因此,有必要对已规范化的名词给出一个简要的具有明确科学概念的定义或注释,以使所审定的名词具有科学内涵基础,在进行名词交流时有共同的认识。另外,第一批土壤学名词公布以来的近 10 年中,土壤科学发展很快,又产生了不少新词,而已公布的名词中也有极少数名词有逐渐少用或不用的趋势,所以有必要对其进行增补和修订,使其不断完善。

　　鉴于上述情况,土壤学名词审定委员会征得全国科学技术名词审定委员会的同意和支持,于 1994 年开始进行第二批土壤学名词审定工作,重点对已定名词补加定义或注释,并对一些新名词和少数较陈旧名词进行必要的增补和修订。经过土壤学名词审定委员会委员和土壤界许多专家的共同努力,于 1997 年 5 月完成了第二批土壤学名词释义稿的审定,并报全国科学技术名词审定委员会。全国科学技术名词审定委员会委托李庆逵、唐耀先、石元春先生对上报的名词释义稿进行复审后予以批准公布。

　　第二批土壤学名词中分总论(01)和 7 个方面的分支学科,它们分别为土壤发生、分类和制图(02);土壤物理[学](03);土壤化学(04);土壤生物学、土壤生物化学(05);农业化学(06);土壤生态、土壤肥力(07)和土壤侵蚀与水土保持(08)。总论主要包括:(1)土壤科学范围内的一级学科,如土壤、土壤学和耕作土壤学等;(2)土壤科学下属的分支学科,如土壤物理[学]、土壤化学和土壤地理[学]等;(3)一些与各学科分支密切有关的研究领域的名词,如土壤资源、土壤肥力和土壤利用等。对于明显属于某一学科分支的名词术语,如土壤力学、土壤物理化学和土壤形态[学]等则分别纳入所属分支学科。

　　第二批土壤学名词终审确定有 2 080 条(有增有减),比第一批增加约 30%,其中约 95% 以上的名词附有定义或注释。未加定义的名词大致有下列情况:迄今国际上尚没有统一的规范,如砂粒、粉粒和黏粒的直径,砂土、壤土和黏土的质地名称等;一些顾名思义的名称术语,如表土、心土、底土和液体肥料等;少数名称目前还难于给出确切的定义或注释。对于个别名词有两种概念的,用(1)和(2)分别表示。

　　名词定义或注释的撰写是一项非常细致的工作,在审定工作中,经过反复推敲、讨论和请各学科专家严格把关,所以绝大多数名词定义准确、明了,易于通过。但有些名词需经过多次讨论,才取得基本一致的意见。如对"土壤"的定义,大家认为陆地表面由矿物质和有机物质组成中还应加入水、空气和生物。关于"edaphology"一词,过去在文献中用的很乱,有译成"植物土壤学"、"生态土壤学",讨论中也有提出应译为"农业土壤学"。通过反复讨论,认为采用"耕作土壤学"较好,既反应出研究土壤性质和植物生长的关系,又给出了管理土壤、提高土壤生产力的内涵。农业化学(agrochemistry)一词是在土壤学中几经沉浮、非常有用的科学名词,第二批名词中根据它的重要性辟为一学科分支,而且在定义中既给出了是研究植物营养、土壤养分、肥料性质和施用技术及其相互关系的学科分支,同时又加上在广义上也包括农产品加工和酿造等概念,这样更能使国内外同仁接受。

根据国家语言文字工作委员会、中华人民共和国新闻出版署1988年发布的《现代汉语通用字表》和1998年4月语文出版社出版的《现代汉语规范字典》,在本次公布的《土壤学名词》中,"粘"(读nián时)均改为"黏"。

本次公布的《土壤学名词》包括汉文名、定义和对应的英文名三部分。汉文名和定义是一一对应的关系,即从科学概念出发,一词一义(极个别一词两义)。为使土壤学名词具备应有的准确性和权威性,以及考虑逐步与国际标准化接轨,在审定过程中我们还参阅了不少国际有关名词术语规范化的文献。如美国土壤学会1987年出版的《土壤科学术语汇编》(Glossary of Soil Science Terms),苏联科学出版社的《土壤学详解词典》(Толковыцй Словарь по Почводению, 1975),联合国FAO出版的有关土壤科学名词国际标准化的一些资料。尽管如此,由于这一工作的难度很大,难免有不足之处,我们殷切希望各界人士在使用过程中提出宝贵意见,使之日臻完善。

在多年审定过程中得到土壤学界很多专家、学者的热情关怀和支持,他们在百忙中对《土壤学名词》提出不少有益的修订意见,全国科学技术名词审定委员会、中国土壤学会给予全力支持,中国科学院南京土壤研究所为我们提供了必要的工作条件,本委员会一并表示衷心的感谢。

土壤学名词审定委员会
1997年12月

编 排 说 明

一、本书公布的是土壤学基本名词，对1988年公布出版的《土壤学名词》进行了修订、增补，并对95%以上的名词给出了定义或注释。

二、全书分八部分：总论，土壤发生、分类和制图，土壤物理[学]，土壤化学，土壤生物学、土壤生物化学，农业化学，土壤生态、土壤肥力，土壤侵蚀与水土保持。

三、正文按汉文名词所属学科的相关概念体系排列，定义一般只给出基本内涵。汉文名后给出了与该词概念相对应的英文名。

四、一个汉文名一般只对应一个英文名，在对应两个英文名时，则用","分开。

五、凡英文词的首字母大、小写均可时，一律小写；英文除必须用复数者，一般用单数。

六、"[ ]"中的字为可省略部分。

七、书末所附的英文索引，按英文词字母顺序排列；汉文索引按名词汉语拼音顺序排列。所示号码为该词在正文中的序码。索引中带"＊"者为规范名的异名和释文中的条目。

八、主要异名和释文中的条目用楷体表示，"又称"一般为不推荐用名；"曾称"为被淘汰的旧名；"简称"为习惯上的缩简名称。

目　　录

01. 总　论

01.001　土壤　soil
陆地表面由矿物质、有机物质、水、空气和生物组成,具有肥力,能生长植物的未固结层。

01.002　土壤学　soil science
研究土壤的形成、分类、分布、制图和土壤的物理、化学、生物学特性、肥力特征以及土壤利用、改良和管理的科学。

01.003　发生土壤学　pedology
侧重研究土壤的发生、演化、特性、分类、分布和利用潜力的土壤学。

01.004　耕作土壤学　edaphology
侧重研究土壤的组成、性质及其与植物生长的关系,通过耕作管理提高土壤肥力和生产能力的土壤学。

01.005　土壤地理[学]　soil geography
研究土壤的空间分布和组合及其与地理环境相互关系的学科。

01.006　土壤物理[学]　soil physics
研究土壤中物理现象或过程的学科。

01.007　土壤化学　soil chemistry
研究土壤中各种化学行为和过程的学科。

01.008　土壤生物化学　soil biochemistry
阐明土壤有机碳和氮素等物质的转化、消长规律及其功能的学科。

01.009　土壤矿物学　soil mineralogy
研究土壤中原生矿物和次生矿物的类型、性质、成因、转化和分布的学科。

01.010　农业化学　agrochemistry
研究植物营养、土壤养分、肥料性质和施用技术及其相互关系的学科。在广义上也包括农产品加工和酿造等。

01.011　土壤分析化学　soil analytical chemistry
研究用化学方法和原理测定土壤成分和性质的技术学科。

01.012　土壤生物学　soil biology
研究土壤中生物的种类、分布、功能及其与土壤和环境间相互关系的学科。

01.013　土壤微生物学　soil microbiology
研究土壤中微生物种类、功能和活性以及与土壤和环境间相互关系的学科。

01.014　土壤生态学　soil ecology
研究土壤环境与生物间相互关系,以及生态系统内部结构、功能、平衡与演变规律的学科。

01.015　土壤微形态[学]　soil micromorphology
研究土壤显微形态特征的学科。

01.016　土壤资源　soil resources
土壤类型的数量与质量。

01.017　土壤区划　soil regionalization
按土壤群体的地带性和地域性差异进行分区划片,提出开发利用途径。

01.018　土壤肥力　soil fertility
土壤能供应与协调植物正常生长发育所需的养分和水、气、热的能力。

01.019　土壤管理　soil management

通过耕作、栽培、施肥、灌溉等,保持和提高土壤生产力的技术。

01.020 土壤利用 soil utilization
根据土壤性状及其分布地区的环境条件,研究、制定和实施土壤的农、林、牧生产和管理的方式和措施。

01.021 土壤改良 soil amelioration, soil improvement
根据土壤障碍因素及其危害性状,采取相应措施,改善土壤性状,增加产量。

01.022 土壤侵蚀[学] soil erosion
研究土壤或其他地面组成物质在水力、风力和重力等外营力作用下被破坏、分散、搬运和沉积的过程及其与土壤性质和环境间相互关系的学科。

01.023 水土保持 soil and water conservation

研究防治水土流失、水土资源开发和持续利用,提高农业生产、保护和改善生态环境的综合性科学技术。

01.024 农业化学分析 agrochemistry analysis
研究植物 – 土壤 – 肥料体系中有关的植物组织成分和生化物质、土壤养分和肥料性质等的化学、物理、物理化学测定原理、方法和测定数据处理等。

01.025 土壤信息系统 soil information system, SIS
应用计算机硬件和软件,储存、检索、分析、处理土壤信息的技术系统。

01.026 土壤遥感 soil remote sensing
应用各种探测器远距离收集土壤反射或发射的电磁波谱信号,变成可以直接识别的图像或供计算机分析的磁带数据的学科。

02. 土壤发生、分类和制图

02.001 土壤圈 pedosphere
地球表面与大气圈、水圈、生物圈及岩石圈相交界并进行物质循环、能量交换的圈层。

02.002 土壤景观 soil landscape
土壤在地理景观中所反映的区域性变异和分布情况。

02.003 自然土壤 natural soil
自然植被下形成的、未受人为活动干扰与影响的土壤。

02.004 人为土壤 anthropogenic soil
在人类生产活动影响下形成的土壤。

02.005 耕作土壤 cultivated soil
人为耕耘、管理下,稳定种植农作物的土

壤。

02.006 森林土壤 forest soil
在森林覆盖下发育而成的土壤。

02.007 草原土壤 steppe soil
在天然草类覆盖下发育而成的土壤。

02.008 荒漠土壤 desert soil
在干旱荒漠条件下形成的土壤。

02.009 水田土壤 paddy field soil
淹水耕作管理下,以种植水稻为主的土壤。

02.010 旱地土壤 upland soil
主要依靠大气降水,种植旱作物的土壤。

02.011 低地土壤 lowland soil

地势低平地区的土壤,一般种植水稻。

02.012 湿地土壤 wetland soil
地下水经常达到或接近地表,水分饱和,在水生或喜水植被下形成的土壤。

02.013 盐渍土壤 salt-affected soil
受可溶盐、交换性钠积累影响而形成的土壤。

02.014 山地土壤 mountain soil
山地不同高度和坡度上所分布的土壤。

02.015 高山土壤 alpine soil
山地森林线以上高山草原、高山草甸植被或寒冻景观下形成的土壤。

02.016 风化作用 weathering
地球表面或近地球表面的岩石在大气圈和生物圈各种营力作用下所产生的物理和化学变化。

02.017 物理风化 physical weathering
岩石、矿物在物理风化中受冰冻作用、膨胀收缩作用、温度因素等影响下的破碎。

02.018 化学风化 chemical weathering
岩石和矿物在大气和水的作用下发生的化学成分和矿物组成的变化。

02.019 生物风化 biological weathering
岩石和矿物在生物影响下发生的物理和化学变化。

02.020 风化产物 weathering product
岩石风化后形成的物质。

02.021 风化残余物 weathering residue
岩石、矿物风化后残留于土壤中的物质。

02.022 风化强度 weathering intensity
岩石遭受物理、化学、生物等风化作用的程度。

02.023 风化指数 weathering index

02.024 硅铝率 silica-alumina ratio
又称"Sa 值"。土壤黏粒的氧化硅与氧化铝的摩尔比率。以 SiO_2/Al_2O_3 表示。

02.025 硅铝铁率 silica-sesquioxide ratio
又称"Saf 值"。土壤黏粒的氧化硅与氧化铝、氧化铁的摩尔比率。以 $SiO_2/(Al_2O_3 + Fe_2O_3)$ 或 SiO_2/R_2O_3 表示。

02.026 风化淋溶系数 ba value
又称"ba 值"。土壤中氧化钾、氧化钠、氧化钙、氧化镁与氧化铝的摩尔比率。以 $(K_2O + Na_2O + CaO + MgO)/Al_2O_3$ 表示。

02.027 半风化体 saprolite
又称"腐岩"。遭受一定物理、化学风化作用,硬度变小,颜色发生变化并有游离铁析出,但仍保持岩石构造的半风化基岩。

02.028 风化壳 weathering crust
昔日生物气候条件下形成并保留于现今岩石圈和生物圈之间的疏松风化产物,是形成土壤的物质基础。一般可分为残积风化壳和运积风化壳两类。

02.029 碎屑风化壳 clastic weathering crust
高寒气候条件下以物理风化为主的岩石碎屑所组成的风化壳。

02.030 含盐风化壳 salic weathering crust
内陆干旱、半干旱地区和受海水浸渍的滨海地区以 Cl, SO_4^{2-} 为标志元素的风化壳。

02.031 碳酸盐风化壳 carbonated weathering crust
以钙、镁为标志元素,且在一定深度出现各种碳酸盐新生体的风化壳。黏土矿物以水云母占优势。

02.032 硅铝风化壳 siallitic weathering

crust

在温带、寒温带湿润半湿润条件下以 H、Al、Si、Fe 为标志元素，2:1 型层状硅酸盐为主体的风化壳。

02.033 铁铝风化壳 ferrallitic weathering crust

热带、亚热带湿润地区风化深厚，以 H、Al 和 SiO_2，Mn、Fe 为标志元素，高岭石和三水铝石占优势的红色风化壳。

02.034 [成土]母质 parent material

岩石风化后形成的疏松碎屑物，通过成土过程可发育为土壤。可分为残积母质和运积母质两类。

02.035 土壤发育 soil development

土壤形成的方向和阶段。

02.036 土壤发育序列 soil development sequence

在一定生物气候地区，土壤按特定的演化规律和顺序进行发育，由各个发育阶段的土壤所组成的土壤系列。

02.037 年代序列 chronosequence

反映时间因素对土壤特征、特性影响的一系列土壤。

02.038 地形系列 toposequence

反映地形因素对土壤特征、特性影响的一系列土壤。

02.039 原始土壤 primitive soil, initial soil

从岩石被生物定居或着生开始，到高等植物定居之前所形成的仅能满足低等植物繁生的薄层土壤。

02.040 幼年土壤 young soil

发育微弱的土壤。

02.041 成熟土壤 mature soil

土壤的发育与外界环境处于动态平衡，且

剖面特征发育良好的土壤。

02.042 顶极土壤 climax soil

在一定生物气候地区，按其发育序列已达高度发育阶段的土壤。

02.043 古土壤学 paleopedology

研究非现代成土环境下形成的土壤的特征及其时空变异的学科。

02.044 古土壤 paleosol

非现在成土环境条件下形成的土壤。具有埋藏或未被埋藏的表面。

02.045 埋藏土 buried soil

被后来沉积物或人为生产活动物质埋藏的古土壤。埋藏深度为 50cm 或更深。

02.046 裸露埋藏土 exhumed soil

由于上覆沉积物的侵蚀而出露于地表的先前埋藏土。

02.047 残遗土 relict soil

具有两种以上环境特征的地表古土壤。

02.048 土壤年龄 soil age

土壤形成的时间。

02.049 土壤绝对年龄 absolute age of soil

土壤从它开始形成直到现在所经历的时间。

02.050 土壤相对年龄 relative age of soil

土壤的发育程度和发育阶段，反映现代成土作用的速度。

02.051 放射[性]碳定年 radiocarbon dating

用 ^{14}C 测定土壤的年龄。

02.052 [表观]平均停留时间 [apparent] mean residence time, AMRT

土壤有机碳的 ^{14}C 比度。用于表示土壤或土层的最小年龄。

02.053 土壤地球化学 soil geochemistry
研究元素在土壤－岩石－植物循环过程中分布、迁移、富集、分散的规律的学科。

02.054 土壤生物地球化学 soil biogeochemistry
研究土壤与植物之间元素交换、迁移、富集和相互作用的学科。

02.055 土壤发生 soil genesis
土壤的起源和形成过程。

02.056 土壤形成 soil formation
岩石或母质在成土因素影响下转变为土壤。

02.057 土壤形成因素 soil-forming factor
简称"成土因素"。参与并影响土壤形成方向、速度、发育特征和土壤特性的自然因素（母质、气候、生物、地形和时间）和人为因素。

02.058 土壤形成过程 soil-forming process
简称"成土过程"。土壤形成中进行的各种物理、化学和生物作用以及物质转移和能量转换。

02.059 淋溶作用 eluviation
土壤物质以悬浮态或溶液态由土壤中的一层移动到另一层的作用。

02.060 淋洗作用 leaching
土壤中可溶物质随土壤溶液向下移动的作用。

02.061 螯合淋溶作用 cheluviation
土壤中有机酸与铁铝等离子螯合或络合形成络合物并随土壤溶液向下移动的作用。

02.062 [机械]淋移作用 mechanical eluviation, lessivage
土壤表层或淋溶层内细粒随渗漏水向下机械移动的作用。

02.063 淀积作用 illuviation
土壤物质在剖面中由一层迁移到另一层的沉积作用。

02.064 淋淀作用 eluviation-illuviation
淋溶作用和淀积作用的统称。

02.065 生物积累作用 biological accumulation
生物活动影响下土壤物质的积累作用。

02.066 腐殖质积累作用 humus accumulation
土壤中腐殖质的形成大于矿化的作用。

02.067 泥炭形成[作用] peat formation
在高地下水位或地表积水的情况下,不同分解程度植物残体的积累作用。

02.068 盐化[作用] salinization
可溶盐类在土壤中,特别是土壤表层累积的作用。

02.069 碱化[作用] solonization
土壤胶体吸附大量交换性钠的作用。

02.070 次生盐化[作用] secondary salinization
由人为活动影响产生的盐化作用。

02.071 脱盐作用 desalinization
在降水和良好管理条件下可溶盐从土壤中被淋洗的作用。

02.072 脱碱作用 solodization, solotization
土壤吸附的交换性钠为氢离子交换,致使土壤非碱化的作用。

02.073 石膏聚积作用 gypsum accumulation
次生石膏在土壤中聚积的作用。

02.074 钙积作用 calcification
干旱、半干旱地区碳酸盐在土体中移动并聚积的作用。

02.075 复钙作用 recalcification
在气候变干,或石灰岩地区由径流水带入,或过量施用石灰,少钙或已脱钙的土壤重新聚积碳酸盐的作用。

02.076 脱钙作用 decalcification
在温湿条件下,碳酸盐从土体中淋失的作用。

02.077 潜育作用 gleyization
长期渍水条件下,有机质分解产生还原性物质和铁锰还原的作用。

02.078 假潜育作用 pseudogleyization
湿润平原区由地表季节性滞水引起氧化还原交替,使铁锰还原淋溶,土壤变酸,乃至黏粒矿物发生蚀变的作用。

02.079 次生潜育化[作用] secondary gleyization
在淹水灌溉条件下,土壤上部发生的潜育作用。

02.080 硅化[作用] silicification
土壤中二氧化硅相对富集的作用。

02.081 脱硅[作用] desilicification
土壤中铝硅酸盐水解,氧化硅淋失的作用。

02.082 灰化[作用] podzoliation
在冷湿气候、针叶林植被环境的强酸性条件下,亚表土的矿物遭破坏,铁、铝氧化物向下淋溶,而相对富集二氧化硅的作用。

02.083 棕化[作用] brownification, braunification
温带湿润气候条件下原生矿物中的铁被风化释放,进而氧化和水化,氧化铁、氢氧化铁充分分散于土壤基质内,使土壤呈棕色

的作用。

02.084 红化[作用] rubification
土壤中非晶质氢氧化铁的消散和针铁矿、赤铁矿微晶的形成,充分分散于土壤基质内使土壤呈鲜艳红色的作用。

02.085 硅铝化[作用] siallitization
温带地区土壤中2:1型黏粒矿物转化形成的作用。

02.086 铁铝化[作用] ferrallitization
热带、亚热带地区原生矿物强烈分解,盐基淋失,二氧化硅部分淋溶,铁、铝氧化物富集的作用。

02.087 富铝化[作用] allitization
热带地区高度风化土壤或热带亚热带山地土壤中盐基和二氧化硅强烈淋失,游离氧化铝和三水铝石富集的作用。

02.088 铁质化[作用] ferruginization
热带、亚热带地区土壤中非晶质和晶质氧化铁、氢氧化铁富集的作用。

02.089 黏化[作用] clayification
土壤中黏粒的生成或淋淀,导致黏粒含量增加的作用。

02.090 残积黏化[作用] residual clayification
母岩在风化－成土过程中,其原生矿物就地生成黏粒并聚积于土体层的作用。

02.091 次生黏化[作用] secondary clayification
曾称"变质黏化作用"。在特定的水热条件下,土壤中原生矿物发生土内风化,就地生成和聚积次生黏粒,形成土内黏化层的作用。

02.092 淀积黏化[作用] illuvial clayification, argillification

土壤表层或淋溶层的黏粒分散后随悬液向下迁移,淀积于一定深度,形成淀积黏化层的作用。

02.093 自幂作用 self-mulching
耕作层的土块因干湿交替逐渐碎成一层厚约 5cm 的粒状、碎屑状和小核状结构的作用。

02.094 自吞作用 self-swallowing
在膨胀收缩交替条件下土体开裂,表层土壤物质落入心底土,填充于裂隙间或在裂隙壁形成土膜的作用。

02.095 土壤扰动作用 pedoturbation
由于干湿交替、冻融交替导致上、下层的或某层的土壤物质发生搅动、变形、破碎、混合或重新排列的作用。

02.096 单个土体 pedon
最小体积的一个土壤三维实体,人为假设其平面形状近似六角形,面积为 $1-10m^2$,在此面积范围内,任何土层具有一致的性态。是土壤调查和研究中的最小描述单位和采样单位。

02.097 聚合土体 polypedon
由两个以上相似的单个土体构成。它既是一个景观单位,又是一个最小的制图单位或分类单位。

02.098 土壤剖面 soil profile
土壤三维实体的垂直切面,显露出一些一般是平行于地表的层次。

02.099 侏儒剖面 nanoprofile
高山带、荒漠带、山地陡坡上或紧实块状结晶岩上形成的土壤发生层完整、但每一土层厚度甚薄的土壤剖面。

02.100 巨型剖面 giant profile
湿润热带气候下形成的高度风化、厚度达数米至十余米的超深厚土壤剖面。

02.101 扰动剖面 disturbed profile
土壤剖面多次被沉积物质覆盖或受人为活动影响,原发生层序列遭受扰动的土壤剖面。

02.102 剖面构型 profile pattern
土壤发生层或土壤层次(如冲积层次)的排列组合型式。

02.103 土体层 solum
土壤剖面母质层以上的土层。

02.104 土壤发生层 soil genetic horizon, soil horizon
由成土作用形成的平行于地表具有发生学特征的土层。

02.105 发生层分化 horizon differentiation, horizonation
成土母质在土壤形成过程中形成一系列发生层的作用。

02.106 发生层界线 horizon boundary
两土壤发生层之间的边界。

02.107 发生层命名 horizon designation
以 O,A,E,B,C,R 等英文字母命名土壤发生层的方法。

02.108 基本发生层 master horizon, principle horizon
又称"基本土层"。"O"、"A"、"E"、"B"、"C"、"R"土层的统称。

02.109 有机层 organic horizon
由枯枝落叶和苔藓地被物或草本植物活体和残体所构成的以有机质占优势的层次。用符号"O"表示。

02.110 腐殖质层 humus horizon
地表或有机质层下面,与矿质部分充分混合的腐殖质聚积层。用符号"A"表示。

02.111 淋溶层 eluvial horizon
淋溶作用形成的土层。用符号"E"表示。

02.112 淀积层 illuvial horizon
剖面中部或中下部黏粒、二三氧化物、碳酸盐等物质聚积的土层。用符号"B"表示。

02.113 母质层 parent material horizon
通过成土过程可形成土壤的岩石风化后的残积物层或经搬运的沉积层。用符号"C"表示。

02.114 母岩 parent rock
形成土壤的基岩。用符号"R"表示。

02.115 残积物 residual deposit
基岩风化后残留于原地的物质。

02.116 崩积物 colluvial deposit
在重力作用下崩塌沉积在坡地、坡麓上的一种运积母质。

02.117 坡积物 slope deposit, slope wash
基岩风化物被雨水或融雪水在重力作用下,沿斜坡运行,堆积在山坡和坡麓的一种运积母质。

02.118 洪积物 diluvial deposit
山洪夹杂泥沙和碎石沉积在山前谷口一带的一种运积母质。

02.119 冲积物 alluvial deposit
被河水或山溪水搬运而沉积的物质。

02.120 湖积物 lacustrine deposit
原湖泊底部的沉积物质,以后由于湖水位的下降或陆地上升而出露的一种母质。

02.121 浅海沉积物 shallow marine deposit, neritic deposit
河流携带泥沙在海岸边沉积的物质。

02.122 冰川沉积物 glacial deposit
由冰川搬运的粉砂、砂砾石和漂砾等混合的非层状沉积物质。

02.123 冰水沉积物 glaciofluvial deposit
由冰川搬运,以后为冰川融水的水流所分选、沉积的物质。

02.124 风积物 aeolian deposit
经风搬运而堆积的物质。如风成沙和黄土。

02.125 黄土 loess
由风搬运沉积的第四纪陆相粉砂质富含碳酸钙的土状沉积物。

02.126 黄土状物质 loess-like material
具有风成黄土沉积学性质的其他运积物。

02.127 第四纪红色黏土 Quaternary red clay
第四纪温暖湿润气候条件下形成的红色黏质残积物或运积物。

02.128 珊瑚砂 coral sand
由珊瑚、贝壳等碎屑组成的生物堆积物。

02.129 弱分解有机层 slightly decomposed organic horizon
枯枝落叶等弱度分解的有机层。用符号"Oi"表示。

02.130 半分解有机层 intermediate decomposed organic horizon
枯枝落叶等中度分解的有机层。用符号"Oe"表示。

02.131 高分解有机层 highly decomposed organic horizon
枯枝落叶等高度分解的有机层。用符号"Oa"表示。

02.132 草毡层 sod layer
由草本植物死的和活的根系缠结形成的一种有机层。

02.133 耕作层 cultivated horizon
受耕作影响形成的耕作土壤表层。

02.134 犁底层 plow pan
受农具耕犁压实,在耕作层下形成的紧实亚表层。

02.135 孔泡结皮层 vesicular crust layer
干旱地区土壤剖面上部厚2cm左右,含较多气泡状孔隙的结皮层。

02.136 片状层 platy layer
干旱地区土壤孔泡结皮层之下呈鳞片状-片状结构的土层。

02.137 灰化层 podzolized horizon
由灰化作用在A层之下形成的灰白色淋溶层。

02.138 漂洗层 bleached horizon
由侧淋作用在A层之下形成的灰白色淋溶层。

02.139 次生黏化层 secondary clayified horizon
由次生黏化作用形成的黏粒富集层。

02.140 网纹层 reticulated mottling horizon
热带、亚热带地区红色土层之下具红、黄、白网状条纹的土层。

02.141 泥炭层 peat horizon
由泥炭化作用形成的粗腐殖质层。

02.142 潜育层 gley horizon
在潜水长期浸渍下土壤发生潜育化作用,高价铁锰化合物还原成低价铁锰化合物,颜色呈蓝绿或青灰的土层。用符号"G"表示。

02.143 潴育层 waterloggogenic horizon
水稻土心土层中来自耕作层渗漏水或潜水上升水的还原性铁锰化合物被氧化淀积形成锈纹、锈斑、铁锰结核等新生体,呈棱柱状结构的土层。

02.144 渗育层 percogenic horizon
水稻土犁底层之下受水分下渗影响,一部分铁锰被淋失,土色带灰,有时有少量锈纹锈斑,呈棱块状或棱柱状结构的土层。

02.145 荒漠砾幂 desert pavement
荒漠地区细土物质被吹走以后留在地表的砾石层或石块层。

02.146 荒漠漆皮 desert varnish
荒漠地区地面砾石和石块外表的棕至棕黑色漆状薄膜。

02.147 土壤层次 soil layer
简称"土层"。非成土作用形成的土层,或泛指不同层位的土层。

02.148 表土层 surface soil layer
土壤最上部的层次,在耕作土壤中为耕作层,在自然土壤中常为腐殖质层。

02.149 心土层 subsoil layer
介于表土层和底土层之间的土层。

02.150 底土层 substratum
土壤剖面下部的土层,或指深厚B层的下部,或指B层与C层过渡的层次,或指母质层。

02.151 埋藏层 buried horizon
被各种自然的或人为的新土壤物质覆盖的土层。

02.152 表土 surface soil, top soil

02.153 心土 subsoil

02.154 底土 bottom soil

02.155 诊断层 diagnostic horizon

在土壤分类中用以鉴定土壤类别,性质上有一系列定量规定的土层。

02.156 诊断表层 diagnostic surface horizon
位于单个土体最上部的诊断层。

02.157 有机表层 histic epipedon
矿质土壤中由泥炭或枯枝落叶等有机土壤物质组成的表层。

02.158 垫熟表层 plaggen epipedon
长期施用厩草肥形成的表层。

02.159 暗沃表层 mollic epipedon
有机碳含量高,盐基饱和,结构良好的暗色腐殖质表层。

02.160 暗瘠表层 umbric epipedon
有机碳含量高,盐基不饱和的暗色腐殖质表层。

02.161 淡薄表层 ochric epipedon
有机碳含量很低,颜色淡或有机碳含量虽高,但厚度较薄等发育程度较差的腐殖质表层。

02.162 黑色表层 melanic epipedon
火山灰土中含高量有机碳,伴有短序矿物或铝－腐殖质复合体的深厚黑色表层。

02.163 人为表层 anthropic epipedon
长期耕种施肥影响下形成的有机碳含量高,盐基饱和,柠檬酸溶性磷含量高的表层。

02.164 灌淤表层 siltigic epipedon
长期引用富含泥沙的浑水灌溉,泥沙淤积后并经耕作、施肥交叠混合形成的表层。

02.165 堆垫表层 cumulic epipedon
长期施用土粪、土杂肥或河塘淤泥并经耕作熟化而形成的表层。

02.166 肥熟表层 fimic epipedon
长期种植蔬菜,大量施用人畜粪尿、厩肥、有机垃圾和土杂肥等,精耕细作而形成的有效磷含量高的高度熟化表层。

02.167 水耕表层 anthrostagnic epipedon
淹水耕作条件下形成的表层,包括水稻土发生层中的耕作层和犁底层。

02.168 诊断表下层 diagnostic subsurface horizon
由物质的淋溶、迁移、淀积或就地富集作用在土壤表层之下形成的具鉴定土壤类别意义的土层。

02.169 漂白层 albic horizon
黏粒和(或)游离氧化铁淋失后,土壤物质中以漂白物质占优势的土层。

02.170 舌状层 glossic horizon
黏粒和(或)游离氧化铁呈舌状淋溶,舌状漂白物质占土层体积 15%—85% 的土层。

02.171 雏形层 cambic horizon
风化－成土过程中形成的无或基本上无物质淀积,带棕、红棕、红、黄或紫等颜色,且有结构发育的土层。

02.172 耕作淀积层 agric horizon
旱地土壤中受耕种影响形成的腐殖质－黏粒淀积层。

02.173 淀积黏化层 argillic horizon
表层黏粒分散后随悬浮液向下迁移并淀积于一定深度中形成的黏粒淀积层。

02.174 黏化层 argic horizon
由黏粒淋移淀积或就地黏化形成的黏粒富集层。

02.175 黏磐 clay pan
黏粒含量很高的紧实磐层。

02.176　高岭层　kandic horizon
在表土层之下垂直距离≤15cm的深度内低阳离子交换量的黏粒（CEC≤16cmol（+）/kg,ECEC≤10cmol（+）/kg）含量随深度逐渐增加,其绝对量比表层高4%—8%的土层。

02.177　氧化层　oxic horizon
黏粒的阳离子交换量低,50—200μm粒级中可风化矿物含量<10%的土层。

02.178　薄铁磐层　placic horizon
由铁、铁锰或铁－有机质胶结的暗红至黑色、厚度<2.5cm的薄磐层。

02.179　铁磐　orstein, iron pan
(1)诊断层名称,指由灰化淀积物质胶结成厚度≥2.5cm的磐层。(2)在发生层中指由氧化铁硬结的厚度不等的磐层。

02.180　硅质硬磐　duripan
主要由硅胶结成的硬磐。

02.181　脆磐　fragipan
干时坚硬,湿时脆碎的磐层。

02.182　腐殖质淀积层　sombric horizon
由腐殖质淀积形成的暗色土层。

02.183　灰化淀积层　spodic horizon
螯合淋溶作用形成的,由≥85%的灰化淀积物质组成的土层。

02.184　钠质层　natric horizon
交换性钠含量高并有黏粒淀积的土层。

02.185　盐积层　salic horizon
在冷水中溶解度大于石膏的易溶性盐富集的土层。

02.186　盐磐　salt pan
由易溶性盐胶结或硬结的磐层。

02.187　石膏层　gypsic horizon
富含次生石膏,但未胶结或硬结的土层。

02.188　石化石膏层　petrogypsic horizon
由次生石膏胶结或硬结的土层。

02.189　钙积层　calcic horizon
富含次生碳酸钙,但未胶结或硬结的土层。

02.190　石化钙积层　petrocalcic horizon
由碳酸钙胶结或硬结的土层。

02.191　含硫层　sulfuric horizon
富含硫化物的土壤物质经排水氧化后,形成的酸性、具黄钾铁矾斑纹的土层。

02.192　诊断特性　diagnostic characteristics
在土壤分类中用以鉴定土壤类别的,具有一系列定量规定的土壤性质。

02.193　质地突变　abrupt textural change
在淡薄表层或漂白层与淀积黏化层之间黏粒含量很高而且过渡明显的特征。

02.194　漂白物质　albic material
黏粒和(或)游离铁淋失,颜色主要决定于砂粒和粉砂粒颜色的土壤物质。

02.195　漂白物质指间状延伸　interfingering of albic materials
漂白物质向下层呈指间状下渗达5cm以上的特征。

02.196　火山灰土壤特性　andic soil property
土壤中火山灰、火山渣等占优势,矿物组成主要是水铝英石、伊毛缟石、水硅铁石等短序矿物,伴有铝－腐殖质络合物,表层有机碳含量高的特性。

02.197　潮湿特征　aquic condition
连续或周期性水分饱和还原作用形成的水分饱和层位类型和氧化还原形态特征。

02.198 线胀度 linear extensibility, LE
由地表累计至 100cm 深度的土壤最大收缩量,以各土层厚度(cm)与各层线胀系数乘积之和表示。

02.199 硅质硬结核 durinode
由二氧化硅胶结或硬结的结核。

02.200 可辨认次生碳酸盐 identifiable secondary carbonate
由次生碳酸盐淀积形成的斑块、斑点、凝团、结核、假菌丝体等新生体。

02.201 石质接触面 lithic contact
土壤与其下垫的莫氏硬度≥3 的坚硬岩石或石块之间的界面层。

02.202 准石质接触面 paralithic contact
土壤与其下垫的无裂隙或裂隙间距≥10cm 的准石质物质之间的界面层。

02.203 准石质物质 paralithic material
相对未蚀变的、极弱至中度胶结、根系难以穿透的部分风化基岩(砂岩、粉砂岩、页岩等),其碎屑的直径≥2mm,浸入水中不能消散。

02.204 石化铁质接触面 petroferic contact
土壤与其下垫的铁质硬结层(铁石层)之间的界面层。

02.205 致密接触面 densic contact
土壤与其下垫的无裂隙或裂隙间距≥10cm 的致密物质之间的界面层。

02.206 致密物质 densic material
相对未蚀变的、根系难以穿透的致密土状物质,浸入水中会消散。如冰碛物、火山泥流、压实的矿山废弃土石等。

02.207 聚铁网纹体 plinthite
铁、黏粒与石英等混合并分凝成红色或暗红色的网状物质。

02.208 聚铁网纹层 plinthic horizon
由一定数量聚铁网纹体组成的土层。

02.209 淋淀层段 sequum
淋溶层与下垫 B 层构成的土层序列。

02.210 双淋淀层段 bisequum
土壤剖面中两个淋淀层段构成的垂直序列。

02.211 n 值 n value
田间条件下土壤含水量与黏粒和有机质含量之间的关系,用以估测土壤支承负载和排水后的沉陷程度。

02.212 滑擦面 slickenside
由土块滑动挤压而产生的发亮并有槽痕的表面。

02.213 土壤水分控制层段 soil moisture control section
土壤系统分类中用以估算土壤水分状况的规定层段。其上界是干土(水分张力 ≥1500kPa)在 24 小时内被 2.5cm 水湿润的深度,其下界是干土在 48 小时内被 7.5cm 水湿润的深度。

02.214 潮湿水分状况 aquic moisture regime
土层被地下水或毛管上升边缘水饱和,缺乏溶解氧的水分状况。

02.215 干旱水分状况 aridic moisture regime
干旱和少数半干旱气候下,当土温 >5℃时,土壤水分控制层段每年累计有一半天数是干燥的;而且在土温 >8℃时,水分控制层段连续湿润时间不超过 90 天。

02.216 干热水分状况 torric moisture regime

定义同干旱水分状况,但在美国土壤系统分类中两者用于不同的分类级别。例如,干旱水分状况用于鉴别干旱土纲和某些土纲的干旱亚类,而干热水分状况用于鉴别某些土纲的干热亚纲或干热复合亚类。

02.217 湿润水分状况 udic moisture regime

湿润气候下,土壤储水量加降水量大致等于或超过蒸散量,土壤水分控制层段每年累计 90 天不干燥。

02.218 常湿润水分状况 perudic moisture regime

降水量分布均匀,全年各月降水量超过蒸散量,水分均能下渗通过整个土壤,水分控制层段中水分张力很少达到 100kPa。

02.219 半干润水分状况 ustic moisture regime

半干旱、半湿润气候下,水分控制层段每年累计干燥时间≥90 天。

02.220 夏旱水分状况 xeric moisture regime

地中海气候下,冬季湿润,夏季干燥的土壤水分状况。

02.221 永冻温度状况 permagelic temperature regime

土表下 50cm 深度处土温常年≤0℃。

02.222 寒冻温度状况 pergelic temperature regime, gelic temperature regime

土表下 50cm 深度处年平均土温≤0℃。

02.223 寒性温度状况 cryic temperature regime

土表下 50cm 深度处年平均土温＞0℃,但<8℃。

02.224 冷性温度状况 frigid temperature regime

土表下 50cm 深度处年平均土温<8℃,但夏季平均土温高于寒性土温状况的夏季平均土温。

02.225 温性温度状况 mesic temperature regime

土表下 50cm 深度处年平均土温为 8—15℃。

02.226 热性温度状况 thermic temperature regime

土表下 50cm 深度处年平均土温为 15—22℃。

02.227 高热温度状况 hyperthermic temperature regime

土表下 50cm 深度处年平均土温≥22℃。

02.228 恒冷性温度状况 isofrigid temperature regime

土表下 50cm 深度处年平均土温<8℃,但夏季平均土温与冬季平均土温之差<5℃。

02.229 恒温性温度状况 isomesic temperature regime

土表下 50cm 深度处年平均土温为 8—15℃,但夏季平均土温与冬季平均土温之差<5℃。

02.230 恒热性温度状况 isothermic temperature regime

土表下 50cm 深度处年平均土温为 15—22℃,但夏季平均土温与冬季年均土温之差<5℃。

02.231 恒高热温度状况 isohyperthermic temperature regime

土表下 50cm 深度处年平均土温≥22℃,但夏季平均土温与冬季年均土温之差<5℃。

02.232 永冻层次 permafrost layer

土表至 200cm 范围内土温常年≤0℃的层次。

02.233 灰化淀积物质 spodic material
由有机质和铝或有机质和铁、铝组成的活性(即 pH 值依变电荷高、表面积大和 持水力高的)非晶淀积物质。

02.234 草酸盐浸提液光密度值 optical-density-of-oxalate-extract value, ODOE value
灰化淀积层中迁移性有机物质聚积的指标。

02.235 硫化物物质 sulfidic material
含可氧化硫化合物的土壤物质。

02.236 可风化矿物 weatherable mineral
在湿润气候条件下比石英和 1:1 型黏粒矿物易风化,但比方解石难风化的矿物。

02.237 有机土壤物质 organic soil material
经常被水饱和,具高有机碳的泥炭、腐泥或被水饱和时间很短,具极高有机碳的枯枝落叶。

02.238 纤维有机土壤物质 fibric soil material
含有大量纤维的未分解植物残体。

02.239 半腐有机土壤物质 hemic soil material
中度分解的有机土壤物质。

02.240 高腐有机土壤物质 sapric soil material
高度分解的有机土壤物质。

02.241 软粉状石灰 soft powdery lime
可用指甲刻碎的松软斑点(眼状石灰斑点)、孔隙壁或结构面石灰膜等次生碳酸钙新生体。

02.242 舌状延伸 tonguing
漂白物质或腐殖质向下层呈舌状下渗的特征。

02.243 潜育特征 gleyic features
土壤在一年中某一时期或全年被地下水或毛管上升边缘水饱和,铁锰化合物发生明显还原作用而形成的特征。

02.244 滞水特征 stagnic features
土壤在一年中某一时期或全年被上层滞水饱和,铁锰化合物发生明显还原作用和(或)氧化还原作用而形成的特征。

02.245 涂污结持性 smeary consistence
在一定压力下物质可从固态变成液化状态,然后又返回固态。在液化阶段该物质可在手指间溜滑或涂污。

02.246 膨转特征 vertic features
又称"变性特征"高胀缩性黏质土壤的开裂、翻转、扰动特征。

02.247 挤压微地形 gilgai
高胀缩性黏质土壤在干湿交替条件下使地表形成具微圆丘和微洼地的微地形。

02.248 土壤形态[学] soil morphology
研究土壤剖面中土层的种类、排列以及各土层的形态特征。

02.249 土壤新生体 soil new growth
土壤发生的产物,具有一定的形状、大小、颜色、硬度和表面特征。

02.250 土壤侵入体 soil intrusions
由外力(主要是人为活动)加入到土壤中的物体。

02.251 锈纹 rust streak
由氧化还原作用在根孔中形成的黄棕、棕或红棕色铁质条纹。

02.252 锈斑 rust spot
由氧化还原作用在结构体表面或结构内形成的黄棕、棕或红棕色铁质斑块。

02.253 铁锰结核 iron-manganese concretions
铁锰氧化物与土粒胶结的一种土壤新生体。

02.254 钙质结核 calcareous concretions
碳酸盐和土粒胶结形成的浑圆形或不规则形新生体。

02.255 砂姜 Shajiang, irregular calcareous concretions
不规则形姜状钙质结核。

02.256 钙磐 calcareous pan
由碳酸盐胶结或硬结,形成连续或不连续的磐层。

02.257 石灰斑 calcareous spot
碳酸钙在土壤中呈斑状浓聚的松软新生体。

02.258 眼状石灰斑 white eye, glazki
碳酸钙在土壤中呈斑点状浓聚的松软新生体。

02.259 假菌丝体 pseudomycelium
土壤中菌丝体状碳酸钙新生体。

02.260 石膏晶簇 gypsum crystal cluster
土壤中簇状石膏晶体。

02.261 盐霜 salt efflorescence
土壤溶液中易溶性盐类随水分蒸发后,在土壤孔隙、微孔隙壁或地表析出的白色盐晶。

02.262 盐结壳 salt crust
由大量易溶性盐胶结成的灰白色至灰黑色地表壳层,厚度≥2cm。

02.263 盐结皮 thin salt crust
地表易溶性盐薄胶结层,厚度<2cm。

02.264 土壤分类 soil classification
依土壤性状质与量的差异,系统划分土壤类型及其相应的分类级别,拟出土壤分类系统。

02.265 土壤发生分类 soil genetic classification
主要根据土壤发生演变规律划分土壤类型。

02.266 地理发生分类 geographico-genetic classification
根据土壤地带性规律划分土壤类型。

02.267 形态发生分类 morphogenetic classification
主要依据土壤剖面的形态特征划分土壤类型。

02.268 土壤高级分类 higher categories of soil classification
按土壤性状的共同性逐级续分出土纲、亚纲,土类、亚类等级别。

02.269 土壤基层分类 basic categories of soil classification
按土壤的最小分类级别(如土系或土种)进行的分类。

02.270 土壤分类制 soil classification system
特定的土壤分类体系。

02.271 土壤数值分类 numerical classification of soil
对土壤属性及其分析结果,进行聚类分析。

02.272 土壤级别 category of soil
在土壤分类中根据土壤性质划分的等级。如土纲、亚纲等。

02.273 土壤类别 soil taxon
土壤分类中任何土壤级别中的土壤类型。

02.274 土纲 soil order, soil class
土壤分类的最高级别,属于共性的归纳,依据主要成土过程所引起土壤性状的重大差异划分。

02.275 亚纲 suborder, subclass
土纲的续分。主要依据干湿、冷热及岩性所引起土壤性状差异划分。

02.276 土类 soil group
亚纲以下的分类级别。依据主要成土过程强度的性质或次要成土过程产生的性质划分。在地理发生分类中是高级分类的基本级别。

02.277 亚类 subgroup
土类的续分。依据同一土类中由附加成土过程所产生的性质划分,具有土类或土纲间的过渡特征。

02.278 土属 soil genus
在地理发生分类中是土类(或亚类)与土种间的过渡分类级别。属中级土壤分类级别。一般依同一风化壳、成土母质或母岩所产生的土种间某些共同特征划分。

02.279 土种 soil local type
地理发生分类中的基层分类级别。是土壤剖面形态、发育层段、理化及生物特性、生产性能均相一致的一组土壤。

02.280 变种 soil variety
土种的续分级别。依据耕作层或表层性状的某些差异划分。

02.281 土族 soil family
土壤系统分类中土类和土系间的过渡分类级别。依据对植物生长和土壤管理有重要关系的土壤性质划分。如质地、矿物组成、石灰性、酸碱度、结持性、土层状况、土壤温度状况等。

02.282 土系 soil series
土壤系统分类中的基层分类级别。是发育在相同母质上,土层排列和一般性质类似的一组土壤。以首先发现该土壤的地名命名。

02.283 土相 soil phase
根据土壤或环境特征,对土壤的一种功利性归类,但并非土壤分类中的级别。

02.284 土壤命名 soil nomenclature
在土壤分类中对不同土壤类型赋予科学名称。

02.285 土壤连续命名法 continuous soil nomenclature
在土壤地理发生分类制中土壤命名以土类为基本名称,将亚类、土属、土种、乃至变种名称作为逐级"形容词"进行连续命名。

02.286 土壤分段命名法 discontinuous soil nomenclature
分段命名土壤的方法。例如在土壤系统分类中,从亚类至土纲为一分段,土系命名为独立的分段。

02.287 显域土 zonal soil
在一定生物气候带,深受气候、植被等地带性成土因素影响而形成的地带性土壤。如红壤、黄壤、棕壤等。

02.288 隐域土 intrazonal soil
地形、母质、地下水等区域性因素超越气候、植被等地带性成土因素影响而形成的土壤、如草甸土、沼泽土、盐土、碱土、石灰岩土壤等。

02.289 泛域土 azonal soil
分布于任何地带,无明显发生层的土壤。如冲积土。

02.290 自成土 automorphic soil
一般分布于地势相对较高起,地下水位低,主要受大气降雨影响而形成的土壤。

02.291 水成土 hydromorphic soil
地下水接近地表处或地表淹水处,土壤内外排水不良,受水影响较强而形成的土壤。如沼泽土、潜育土。

02.292 半水成土 semi-hydromorphic soil
潜水位较高处,土壤毛管边缘可以到达地表,由于水位升降,土壤中氧化还原交替进行,土层中见大量锈斑纹的土壤。

02.293 岩成土 lithomorphic soil
土壤性状明显受母岩影响的土壤。

02.294 盐成土 halomorphic soil
由盐分累积形成的土壤。

02.295 残积土 residual soil
由残积物形成的土壤。

02.296 崩积土 colluvial soil
由崩积物形成的土壤。

02.297 冲积土 alluvial soil
由冲积物形成的土壤。

02.298 风积土 aeolian soil
由风积物形成的土壤。如风沙土。

02.299 砖红壤 latosol
热带高温高湿、强度淋溶条件下,由富铁铝化作用形成强酸性、高铁铝氧化物的暗红色土壤。

02.300 赤红壤 latosolic red soil
曾称"砖红壤性红壤"。南亚热带高温高湿条件下,土壤富铁铝化作用介于砖红壤与红壤之间的酸性至强酸性红色土壤。

02.301 红壤 red soil
中亚热带高温高湿条件下,由中度富铁铝风化作用形成的酸性至强酸性、含一定铁铝氧化物的红色土壤。

02.302 燥红土 dry red soil, savanna red soil
热带、亚热带高温低湿条件下,形成的相对干性的中性红色土壤。

02.303 黄壤 yellow soil
热带、亚热带地区具常湿润水分状况,含多量针铁矿的酸性黄色铁铝质土壤。

02.304 棕红壤 brown-red soil
中亚热带北缘棕红色铁铝质土壤。

02.305 褐红土 cinnamon-red soil
半干热条件下形成的弱度富铝风化的土壤。

02.306 红色石灰土 terra rossa
热带、亚热带石灰岩地区古老石灰岩风化壳上形成的风化淋溶较强,土体中无游离碳酸盐,中性至微酸性的红色土壤。

02.307 棕色石灰土 terra fusca
亚热带石灰岩地区碳酸盐淋溶明显,土体无或有轻微石灰反应,游离铁较高,并有铁锰结核,石质接触面有白色碳酸盐化根系,呈中性反应的黄棕色至棕色土壤。

02.308 黑色石灰土 rendzina
亚热带和温带石灰岩地区富含有机碳和碳酸盐的中性至微碱性暗色土壤。

02.309 紫色土 purple soil
紫色砂、页岩发育的带紫色土壤。

02.310 黄棕壤 yellow-brown soil
北亚热带丘陵低山,和中亚热带山地黄壤带之上,弱富铝化,呈微酸性的黄棕至棕色土壤。

02.311 黄褐土 yellow-cinnamon soil

北亚热带黏质沉积黄土母质上的中性,有时具有黏磐层的黄褐色土壤。

02.312 棕壤 brown forest soil, brown soil
湿润暖温带夏绿润叶林下形成的富盐基、微酸性棕色土壤。

02.313 褐土 cinnamon soil
半湿润暖温带地区碳酸盐弱度淋溶与和聚积,有次生黏化现象的带棕色土壤。

02.314 暗棕壤 dark brown forest soil, dark brown soil
湿润温带针阔叶混交林下形成的具有明显腐殖质累积和中性至酸性的棕色土壤。

02.315 棕色针叶林土 brown coniferous forest soil
寒温带山地针叶林下冻融回流淋淀型(夏季表层解冻时,铁、铝随下行水流淋淀;秋季表层开始结冻时,随上行水流表聚)棕色土壤。

02.316 灰化土 podzolic soil
温带湿润针叶林(或针阔叶混交林)下,冰川砂层或砂、砾质母质上,植物残体分解形成大量有机酸,腐殖质酸与土壤中铁、铝络合并向下淋溶淀积,形成灰化层和腐殖质–铁铝淀积层的土壤。

02.317 白浆土 Baijiang soil
在微斜平缓岗地的上轻下黏的母质上,由于黏土层滞水,铁质还原并侧向漂洗,在腐殖质层下形成灰白色漂洗层的土壤。

02.318 灰褐土 grey cinnamon soil
温带半干旱山地阴坡云杉、冷杉林下形成的弱度黏化,有石灰聚积的土壤。

02.319 灰黑土 greyzem, grey forest soil
半湿润温带森林草原地区森林植被下发育的具有深厚腐殖质层,剖面中、下部结构面上有白色硅粉的土壤。

02.320 黑土 phaeozem, black soil
温带半湿润草原化草甸下,具有深厚腐殖质层,通体无石灰反应,呈中性的黑色土壤。

02.321 黑钙土 chernozem
温带半湿润草甸草原植被下由腐殖质积累作用形成较厚腐殖质层,和碳酸钙淋淀作用形成碳酸钙淀积层的土壤。

02.322 栗钙土 chestnut soil, kastanozem
温带半干旱草原下,具有栗色腐殖质层和碳酸钙淀积层的土壤。

02.323 棕钙土 brown calcic soil
在温带草原向荒漠过渡区,具有薄层棕色腐殖质层及白色薄碳酸钙淀积层,地表多砾石的土壤。

02.324 灰钙土 sierozem
暖温带干旱草原黄土母质上发育的腐殖质含量低,有易溶盐与石膏弱度淋溶与累积,碳酸钙淀积层位较高,但量较小的土壤。

02.325 灰漠土 grey desert soil
温带荒漠边缘黄土状母质发育的,地表有不规则裂纹,具孔泡结皮层、片状层、紧实层、过渡层或碱化层或含盐层或易溶盐 – 石膏层等土层序列的干旱土壤。

02.326 灰棕漠土 grey-brown desert soil
温带干旱荒漠砂砾质洪积物、洪积 – 冲积物或粗骨性残积物、坡积 – 残积物母质发育的,地表有砾幂,具孔泡结皮层、片状层、紧实层、石膏层或石膏 – 盐磐层等土层序列的干旱土壤。

02.327 棕漠土 brown desert soil
暖温带极端干旱荒漠砂砾质洪积物和石质残积物或坡积残积物母质发育的,地表有明显砾幂,具孔泡结皮层、紧实层、石膏层、石膏 – 盐磐层等土层序列的干旱土壤。

02.328 龟裂土 takyr
干旱地区沙丘间平洼地细粒母质上发育的地表龟裂,一般无植物生长的弱度发育干旱土壤。

02.329 高山草甸土 alpine meadow soil
又称"草毡土"。森林线以上,高寒矮生嵩草草甸下形成的土壤。

02.330 亚高山草甸土 subalpine meadow soil
又称"黑毡土"。森林线以上,禾本科和杂生草增多的嵩草草甸下形成的土壤。

02.331 山地草甸土 mountain meadow soil
在基带以上,森林线以下,山地顶部灌丛草甸植被下形成的土壤。

02.332 高山草原土 alpine steppe soil
又称"寒钙土"。森林线以上,针茅等旱生植被下形成的土壤。

02.333 亚高山草原土 subalpine steppe soil
又称"冷钙土"。森林线以上,旱生草原植被下形成的土壤。

02.334 寒漠土 alpine frost desert soil
高寒干旱条件下形成的土壤。

02.335 寒冻土 alpine frost soil
高山雪线以下由寒冻风化形成的土壤。

02.336 冰沼土 tundra soil
极地或高山地区苔原植被下形成的寒冻沼泽化土壤。

02.337 黑垆土 Heilu soil
黄土高原西部厚层黄土母质上形成的厚腐殖质层,但腐殖质含量低的土壤。

02.338 塿土 tier soil
黄土高原地区由长期施用土粪及间隙降尘覆盖并逐渐堆积加厚而形成的人为土壤。

02.339 黄绵土 loessal soil
母质特征明显的黄土性土壤。

02.340 磷质石灰土 phospho-calcic soil
南海诸岛由珊瑚砂母质和鸟粪堆积形成富含磷、钙的土壤。

02.341 泥炭土 peat soil
在某些河湖沉积低平原及山间谷地中,由于长期积水,水生植被茂密,在缺氧情况下,大量分解不充分的植物残体积累并形成泥炭层的土壤。

02.342 沼泽土 bog soil
长期积水,湿生植被生长,有机质累积明显,还原作用强烈,具潜育层或兼有泥炭层的土壤。

02.343 草甸土 meadow soil
地下水位高,潜水毛管边缘可达地表,草甸植被生长茂密,土壤腐殖质层较厚,具有锈斑纹的土壤。

02.344 潮土 fluvo-aquic soil
在地下水位较高的近代河流沉积物上,经长期耕作影响形成的土壤。

02.345 砂姜黑土 Shajiang black soil
在河湖沉积低平原,经长期耕作,脱潜,具有耕层、黏重黑土层及铁锰斑块、结核和不同形态的钙质结核,甚至砂姜磐的土壤。

02.346 盐土 solonchak
含可溶性盐较高的土壤。

02.347 酸性硫酸盐土 acid sulphate soil
热带、亚热带滨海红树林植被下,经常被咸水饱和,排水后土壤中硫化物氧化,形成硫酸,pH 可降至 4 以下,并进一步形成黄钾铁矾、硫酸铁等黄色斑纹的 土壤。

02.348 碱土 solonetz
土壤吸收复合体中交换性钠含量高的土壤。

02.349 水稻土 paddy soil
经长期淹水耕作,种植水稻,铁锰还原淋溶和氧化淀积交替进行,形成耕作层、犁底层、渗育层、潴育层、底土或有潜育层的土壤。

02.350 淹育水稻土 submergenic paddy soil
山丘梯田上的雨养水田,或种植水稻年限较短,仅水耕耕作层和犁底层发育明显,而下部土层中锈纹锈斑不明显或很少的弱度发育水稻土。

02.351 潴育水稻土 waterloggogenic paddy soil
长期种植水稻,灌溉条件良好条件下,土壤的还原淋溶和氧化淀积作用明显,土层分异明显的水稻土。

02.352 潜育水稻土 gleyed paddy soil
河湖低圩区及峡谷低洼处,地下水位较高或接地表,还原作用强,具有潜育层的水稻土。

02.353 漂洗水稻土 bleached paddy soil
起伏平原和丘陵地区,由侧向漂洗离铁作用形成具灰白色漂洗层的水稻土。

02.354 菜园土 vegetable garden soil
在长期种植蔬菜,大量施用有机肥料,和灌溉条件下,土壤有机质累积层较厚,有效磷含量较高的土壤。

02.355 灌淤土 irrigation-silting soil
引用高泥沙含量的河水灌溉,逐渐淤积,并经耕作施肥混合,上层厚度可达 50cm 以上的人为土壤。

02.356 石质土 lithosol
裸露岩层新风化物直接发育成富含砾石的 A-R 型土壤。

02.357 粗骨土 skeletal soil
薄层砾质土壤。

02.358 风沙土 aeolian sandy soil
风沙沉积物发育的幼年土。有流动风沙土,半固定风沙土和固定风沙土等类型。

02.359 土壤系统分类 soil taxonomy, soil taxonomic classification
以诊断层和诊断特性为基础的谱系式土壤分类。

02.360 谱系式分类 hierarchy classification
清楚说明土壤之间以及土壤与影响其性质的因素之间纵向与横向的相互关系的分类。

02.361 美国土壤系统分类 Soil Taxonomy
在史密斯(G.D.Smith)领导下由美国农业部组织国内外许多土壤学家创立的以诊断层和诊断特性为基础的土壤分类。

02.362 淋溶土 Alfisol
美国土壤系统分类土纲名。盐基饱和度 (NH_4OAc 法)$\geq 50\%$,具淀积黏化层的土壤。

02.363 干旱土 Aridisol
美国土壤系统分类土纲名。具干旱土壤水分状况或具盐积层(导致生理干旱)的土壤。

02.364 火山灰土 Andisol, Andosol
美国土壤系统分类中土纲名和联合国世界土壤图图例制土壤类群名。发育于火山喷出物上具火山灰土壤特性的土壤。

02.365 新成土 Entisol

美国土壤系统分类土纲名。弱度发育,性质主要决定于母质的土壤。

02.366 有机土 Histosol
美国土壤系统分类土纲名。泥炭、腐泥或枯枝落叶等厚度大于 40cm 的有机土壤物质覆盖于碎石或火山渣之上,并有石质或准石质接触面直接位于这些物质之下的土壤。

02.367 始成土 Inceptisol
美国土壤系统分类土纲名。分布广泛但发育较弱,只有腐殖质层和雏形层的土壤。

02.368 暗沃土 Mollisol
美国土壤系统分类土纲名。具暗沃表层的土壤。

02.369 氧化土 Oxisol
美国土壤系统分类土纲名。热带、亚热带地为区具氧化层的高度风化土壤。

02.370 灰土 Spodosol
美国土壤系统分类土纲名。湿润寒温带针叶林或针阔叶混交林下具灰化淀积层的土壤。

02.371 老成土 Ultisol
美国土壤系统分类土纲名。热带、亚热带地区具淀积黏化层,但盐基饱和度(阳离子总量法)<35％的土壤。

02.372 膨转土 Vertisol
又称"变性土"。美国土壤系统分类土纲名。具开裂、翻转、拢动等膨转特征的高胀缩性黏质土壤。

02.373 土壤类群 major soil grouping
联合国世界土壤图图例制的第一级"分类级别"。

02.374 土壤单元 soil unit
(1) 联合国世界土壤图图例制的第二级

"分类级别"。(2) 各土壤级别中类别的泛称。

02.375 土壤亚单元 soil subunit
联合国世界土壤图图例制的第三级"分类级别"。

02.376 冲积土 Fluvisol
联合国世界土壤图图例制的土壤类群名。河流、海洋等沉积物上并经常遭受泛滥沉积的土壤。

02.377 潜育土 Gleysol
联合国世界图图例制的土壤类群名。地表至 50cm 范围内有潜育特征的土壤。

02.378 疏松岩性土 Regosol
联合国世界土壤图图例制的土壤类群名。除河海冲积物外的土状沉积物上形成的土壤。

02.379 薄层土 Leptosol
联合国世界土壤图图例制的土壤类群名。(1)地表至 30cm 范围内出现基岩或碳酸钙相当物超过 400g/kg 的土壤。(2)地表至 75cm 范围内 80％ 以上为石砾的土壤。

02.380 砂性土 Arenosol
联合国世界土壤图图例制的土壤类群名。质地粗于砂壤质的土壤。

02.381 雏形土 Cambisol
联合国世界土壤图图例制的土壤类群名。除腐殖质层外只有雏形层的弱度发育土壤。

02.382 钙积土 Calcisol
联合国世界土壤图图例制的土壤类群名。具钙积层的土壤。

02.383 石膏土 Gypsisol
联合国世界土壤图图例制的土壤类群名。具石膏层的土壤。

02.384 高活性淋溶土 Luvisol
联合国世界土壤图图例制的土壤类群名。
具黏化 B 层, 但阳离子交换量≥24cmol
(+)/kg、黏粒和盐基饱和度(NH₄OAc
法)≥50％的土壤。

02.385 低活性淋溶土 Lixisol
联合国世界土壤图图例制的土壤类群名。
具黏化 B 层, 但阳离子交换量＜24cmol
(+)/kg、黏粒和盐基饱和度(NH₄OAc
法)≥50％的土壤。

02.386 高活性强酸土 Alisol
联合国世界土壤图图例制的土壤类群名。
具黏化 B 层, 但阳离子交换量≥24cmol
(+)/kg、黏粒和盐基饱和度(NH₄OAc
法)＜50％的土壤。

02.387 低活性强酸土 Acrisol
联合国世界土壤图图例制的土壤类群名。
具黏化 B 层, 但阳离子交换量(NH₄OAc
法)＜24cmol(+)/kg、黏粒和盐基饱和
度＜50％的土壤。

02.388 黏磐土 Planosol
联合国世界土壤图图例制的土壤类群名。
平坦地形上有黏质缓透水层, 导致上部出
现滞水特征的土壤。

02.389 灰化淋溶土 Podzoluvisol
联合国世界土壤图图例制的土壤类群名。
漂白 E 层向黏化 B 层呈舌状延伸的土壤。

02.390 灰壤 Podzol
联合国世界土壤图图例制的土壤类群名。
具灰化 B 层的土壤。

02.391 黏绨土 Nitisol
联合国世界土壤图图例制的土壤类群名。
热带地区黏粒含量高, 土壤结构面有发亮
光泽的土壤。

02.392 铁铝土 Ferralsol
联合国世界土壤图图例制的土壤类群名。
具铁铝 B 层的土壤。

02.393 聚铁网纹土 Plinthosol
联合国世界土壤图图例制的土壤类群名。
具聚铁网纹体的土壤。

02.394 人为土 Anthrosol
联合国世界土壤图图例制的土壤类群名。
受人为耕作影响或人工堆积形成的土壤。

02.395 均腐土 isohumic soil, isohumisol
欧洲形态发生分类和中国土壤系统分类土
纲名。草原或森林草原植被下土壤腐殖的
积累深度较大, 由上向下逐渐减少, 具均腐
殖特性的土壤。

02.396 假潜育土 pseudogley soil, pseu-dogley
欧洲形态发生分类的土壤类型。地表至
20cm 或更深些的土壤上层因滞水形成灰
色潜育层的土壤。

02.397 滞水潜育土 stagnogley soil, stagnogley
欧洲形态发生分类的土壤类型。地形低洼
地区地表至 50cm 范围内有灰色潜育层的
土壤。相当于联合国世界土壤图图例制的
潜育土。

02.398 土壤调查 soil survey
在田间调查研究土壤发生、分布、划分土壤
类型、测制不同比例尺土壤图。

02.399 土壤概查 generalized soil survey
在无土壤资料的新调查区, 设计几条控制
路线, 掌握土壤分布规律, 填制预定比例尺
的土壤图。

02.400 土壤详查 detailed soil survey
应用大比例尺地形图或自行测制地形图,
现场挖坑、打钻, 观察土壤变化, 填制土壤

图。

02.401 土壤普查 general detailed soil survey
对全国范围,逐乡镇进行土壤调查,测制大比例尺土壤图与和编制系列图件。

02.402 土钻 soil auger
打钻取土的工具。

02.403 土样 soil sample
供分析化验用的土壤样品。

02.404 土壤标准物质 reference material of soil
俗称"土壤标样"。按规范要求采集供分析的标准土壤样品。可连同其分析资料作为检查其他土壤标本分析结果可靠性的依据,并用于校正测量器具、评价测量方法和确定被检测样品的特性。

02.405 土壤整段标本 soil monolith
从土壤剖面上用木箱套取或合成树脂粘贴,所采集的原状土壤标本。

02.406 土壤颜色 soil color
太阳光照射到土壤表面时,红、橙、黄、绿、青、蓝、紫等可见光谱的一部分被土壤吸收,一部分被反射,这些反射的色光混合起来就是土壤表面所呈现的颜色。

02.407 芒塞尔土色卡 Munsell soil chart
根据芒塞尔颜色系统和芒塞尔颜色命名法编制的用以测定和描述土壤颜色的标准比色卡。

02.408 土壤形态特征 soil morphological characteristics
从土壤剖面上可观察到的土壤层次、颜色、结构、新生体等变化及其分布情况。

02.409 剖面性态 profile characteristics
通过剖面观察和简易田间测试所得到的土壤形态特征和某些化学性质。如泡沫反应、酚酞反应、亚铁反应等。

02.410 岩性连续性 lithologic continuity
土壤剖面中各土层的物质来源均一,为一元母质。

02.411 岩性不连续性 lithologic discontinuity
土壤剖面上下或上中下土层序列的物质来源不均一,为二元或多元母质。

02.412 土壤制图 soil cartography
采用不同比例尺的图幅或用航、卫片测制、编制土壤图,反映土壤在地面的分布及组合情况。

02.413 土壤图 soil map
构绘出各类土壤分布边界,反映土壤空间分布状况的不同比例尺的图幅。

02.414 土壤制图单元 soil mapping unit
反映一种土壤类型或几种土壤组合分布类型的图斑单元。

02.415 土壤组合 soil association
在一定地貌单元内,由地形、母质和水文状况改变引起两种或两种以上不同土壤,或间有杂集区,呈有规律的变化所构成的制图单元。图斑内主要组分土壤和杂集区在1:2.4万图上能分开。

02.416 土壤复区 soil complex
在小范围内两种或两种以上不同土壤,或间有杂集区,呈有规律的变化所构成的制图单元。图斑内主要组分土壤和杂集区在1:2.4万图上难以分开。

02.417 优势土壤组合 soil consociation
某一土壤类别或杂集区占优势所构成的制图单元。用作制图单元名称的土壤类别至少应占50%,与之相似的土壤可占25%,而不相同的土壤则不超过25%。

02.418 杂集区 miscellaneous area

由强烈侵蚀、冲刷或人为活动造成无土壤或很少土壤,无植被或很少植被的滩地、砂石地、风蚀地、沙丘地、岩石露头、熔岩流、垃圾地、劣地等构成的制图单元。

02.419 土壤图斑 delineation of soil

土壤图的基本单元。

02.420 土壤界线 soil boundary

土壤图中,区分两种不同性状土壤及其组合、复合情况的界线。

02.421 土壤概图 generalized soil map

用1:5万或更小比例尺地形底图编制的土壤图。

02.422 土壤详图 detailed soil map

经现场挖掘主坑与检查坑,实际观察土壤后测制而成的比例尺大于1:5万的土壤图。

02.423 土壤利用图 soil utilization map

反映土壤不同利用情况的图幅。

02.424 土壤区划图 soil regionalization map

根据土壤性状及其组合情况,分区划片,拟出各土区开发利用前景的图幅。

02.425 土壤和地表体数字化数据库 SOTER, World Soils and Terrain Digital Data Base

土壤信息技术,包括数字化的地图单元界线及其属性数据等,主要用以评价土壤生产能力、土壤退化及其对粮食生产的影响,以及数量化表示全球变化过程。

02.426 土壤波谱特性 spectral characteristics of soil

又称"土壤电磁波谱特性"。土壤反射的不同波长分布和强度的特性。

02.427 土壤分布 soil distribution

土壤在不同景观单元中的位置和面积。

02.428 土壤地带性 soil zonality

土壤类型与大气水热状况和自然植被状况呈相关带状分布的地理规律性。

02.429 土壤水平地带性 soil horizontal zonality

土壤沿纬度或经度呈带状分布的地理规律性。

02.430 土壤垂直地带性 soil vertical zonality

土壤随着山体海拔上升作垂直带状分异的地理规律性。

02.431 土壤垂直分布 soil vertical distribution

随着山体的海拔升高,土壤类型作有规律地垂直分布。

02.432 土壤垂直带谱 soil vertical pattern

随着山体海拔升高,土壤垂直分布的谱式。

02.433 土壤水平分布 soil horizontal distribution

土壤随纬度带或经度带的变化作有规律地自南向北或自东向西的分布。

02.434 土壤微域分布 micro-regional distribution of soils

在小范围内或小地貌组合中,由于成土母质的不同或地形起伏的差异,或阴坡、阳坡差异,或受人为耕种利用影响所引起的不同性状土壤的分布状况。

02.435 土壤中域分布 meso-regional distribution of soils

在同一地带内,中地形及其他因素变化所引起的土壤群体组成的分布状况。

02.436 土链 soil catena

一组由相同母质上发育并随地形起伏作有规律地重复出现的土壤。

02.437 土被 soil cover
有规律地被覆于陆地表面的土壤的总合。常以发生学上有联系的多种土壤的组合出现。

02.438 土被结构 soil cover structure
土壤组合的空间构型。

02.439 土壤资源调查 soil resources inventory
通过调查,摸清土壤资源,进行土壤资源评价,是农业技术转让和全国或区域规划的基础。

02.440 土壤资源评价 soil resources assessment, soil resources evaluation
根据土壤开发利用与改良的目的,对土壤类型的适宜性进行比较与鉴定,评价其生产发展潜力。

02.441 微土壤学 micropedology
用显微镜和微化学方法研究土壤的形态特征、化学变化、矿物晶体形成,解释其微环境条件和土壤过程的学科。

02.442 土壤超微形态学 soil submicromorphology
用电子显微镜、电子探针等一系列超显微技术研究土壤形态特征的学科。

02.443 微形态发生 micromorphogenesis
土壤发生过程的微形态反映。

02.444 微形态特征 micromorphological features
土壤薄片中显示的各种显微形貌。

02.445 土壤物质 soil material
在风化－成土过程中或经搬运堆积后构成的土体层中基本组成物质。

02.446 粗骨颗粒 skeleton grain
土壤物质中≥0.01mm 的颗粒。

02.447 细粒物质 plasma
土壤物质中<0.002mm 的颗粒和非晶物质。

02.448 土壤基质 soil matrix
在微形态上指在不同风化－成土作用下形成的,由<0.01mm 的矿质和(或)有机颗粒组成的连续相。在大形态上指质地相对较细的黏结土体部分。

02.449 基质颗粒 matrix grain
土壤基质中 0.002—0.01mm 的颗粒。

02.450 土壤[自然]结构体 ped
由团聚作用形成的团聚体和由干湿交潜、膨胀收缩作用形成的不规则形土块。

02.451 土壤垒结 soil fabric
土壤物质中粗骨颗粒、细粒物质和孔隙的空间排列。

02.452 内垒结 internal fabric
土壤形成物内部粗骨颗粒、细粒物质和孔隙的空间排列。

02.453 垒结型式 fabric pattern
土壤物质组成分和孔隙的不同组合排列所形成的土壤垒结类型。

02.454 土壤形成物 pedological features
在土壤微形态学中,显微镜下可识别的反映特定土壤形成过程的形貌。

02.455 黏粒形成物 clay formations
土壤中黏粒发生垂直或就地位移,定向排列成光性定向黏粒,并浓聚成一定形貌的土壤形成物。

02.456 铁锰形成物 ferromanganese for-

mations

由铁锰浓聚而成的土壤形成物。

02.457 碳酸盐形成物 carbonate formations

由碳酸盐类矿物浓聚而成的土壤形成物。

02.458 硫酸盐形成物 sulphate formations

由硫酸盐类矿物浓聚而成的土壤形成物。

02.459 生物形成物 bioformations

由生物活动在生物体内转化形成并进入土壤中或直接在土壤中转化形成的土壤形成物。

02.460 浓聚物 concentrations

土壤溶液或悬浮液中的细粒物质经移动沉积后聚集成的物质。

02.461 离析物 separations

细粒物质在土壤基质内重新排列形成的物质。

02.462 凝团 nodule

又称"瘤状物"。内垒结无分异的磨圆状浓聚物。

02.463 凝块 irregular nodule

内垒结无分异的不规则形浓聚物。

02.464 结核 concretion

具同心圆内垒结的磨圆状浓聚物。

02.465 胶膜 cutan, coating

土壤细粒物质在孔隙壁或固体物质的自然表面上浓聚形成的膜状物。

02.466 晶膜 crystal coating

土壤溶液在孔隙壁或固体物质的自然表面上浓聚并晶出,形成紧密排列的晶体矿物膜状物。

02.467 晶管 crystal tube

土壤溶液在孔道内浓聚并晶出,形成填满

孔道的晶体矿物管状物。

02.468 晶囊 crystal chamber

土壤溶液在孔囊内浓聚并晶出,形成填满孔囊的晶体矿物囊状物。

02.469 晶页 crystal sheet

土壤溶液在土壤裂隙内浓聚并晶出,形成填满裂隙的晶体矿物页状物。

02.470 晶霜 crystal efflorescence

土壤溶液随蒸发向孔隙移动过程中在孔隙壁或基质内沉淀晶出,形成的不同密度的散布状细粒晶体。

02.471 悬膜 pendant

在粗骨颗粒底部形成的晶体矿物膜状物。相当于大形态上砾石底面的碳酸盐包膜。

02.472 土壤管状物 pedotubule

土壤物质在孔道中聚积形成的土壤形成物。

02.473 环状物 ring

孔道周围的细粒物质、晶体矿物等环状浓聚物,或由冻融分选形成粗骨颗粒的环状堆积物。

02.474 组合胶膜 compound cutan

呈层状排列的两种不同组分的胶膜。如黏粒－方解石组合胶膜。

02.475 混合胶膜 mixed cutan

由两种或两种以上不同物质混合组成的胶膜。如腐殖质－黏粒混合胶膜。

02.476 复合形成物 complex pedological features

一种土壤形成物被另一种土壤形成物包裹而形成的新的形貌。前者称"内含土壤形成物(included pedological features)",后者称"主体土壤形成物(host pedological features)"。

02.477　光性定向黏粒　optically oriented clays
在正交偏光下显示类似云母类矿物光学性质的定向排列黏粒。

02.478　黏粒胶膜　argillan, clay coating
由层状硅酸盐黏粒矿物组成的胶膜。

02.479　淀积黏粒胶膜　illuviation argillan
黏粒淋移淀积形成的胶膜。

02.480　风化黏粒胶膜　weathering argillan
风化岩石裂隙内由风化黏粒体构成的胶膜。

02.481　黏粒薄膜　thin clay coating
粗骨颗粒表面的薄膜状黏粒胶膜。

02.482　黏粒填塞体　clay plug
淀积黏粒填满于较小孔隙内的或大量填充于粗骨颗粒粒间孔隙(堆集性孔隙)内,将粗骨颗粒胶结成整体的黏粒形成物。

02.483　黏粒桥　clay bridge
胶结两粗骨颗粒的黏粒桥接物。

02.484　黏粒淋失斑　clay depletions
黏粒淋失后,粗骨颗粒残留于原位形成的斑块。

02.485　黏粒集结体　clay domains
黏粒在土层内就地位移,重新排列、集结而形成的纤维状或鳞片状光性定向黏粒形成物。

02.486　风化黏粒体　weathering clay body
原生矿物风化生成的黏粒形成物。

02.487　黏粒镶边　clay border
原生矿物边缘风化形成的黏粒带。

02.488　黏粒假晶　clay pseudomorph
原生矿物晶体全部风化形成黏粒,依整个晶体定向排列,其外形则保持原来矿物晶体的形状。

02.489　残遗体　relict
非本土层成土作用,特别是现代成土作用的产物。

02.490　堆集性孔隙　packing void
由单粒或团聚体堆集而形成的一种开放性孔隙,其孔隙壁就是单粒或团聚体的表面。

02.491　孔道　channel
又称"管道状孔隙"。圆柱形或近似圆柱形的半封闭或封闭性孔隙。

02.492　孔洞　vugh
不规则形的封闭性孔隙。

02.493　孔囊　chamber
又称"囊状孔隙"。孔道或裂隙的某一段凸出成囊状,或孔洞与孔道相连后,前者成为囊状。

02.494　孔泡　vesicle
又称"气泡状孔隙"。圆形或近圆形的封闭性孔隙。

02.495　裂隙　fissure
由干燥收缩或冻融交替形成的面状孔隙。

02.496　腐殖质组型　humus form
土壤剖面发育过程中有机物质与非有机物质混合或结合的类型。

02.497　粗腐殖质　mor, raw humus
保留明显细胞构造的植物残体。

02.498　半腐殖质　moder
弱腐殖化的植物残体。

02.499　细腐殖质　mull
腐殖物质与黏粒的复合体。

02.500　粪粒团聚体　coprogenous aggregate

由土壤动物粪粒组成的团聚体。

02.501　植物石　phytolite
在植物细胞内形成的矿物质或晶体矿物，随植物残体的分解进入土壤中成为土壤物质的组成部分。

02.502　土壤薄片　thin section of soil
用合成树脂或天然树脂将原状土样浸渍固化后制备成厚约 0.03mm 的薄片，供偏光显微镜观察土壤微形态特征。

02.503　土壤揭片　soil peel
用醋酸盐薄膜覆于染色土壤薄片上，然后揭下用于研究土壤中碳酸盐类矿物的特征和游离铁、铝分布状况。

02.504　微形态分析　micromorphological analysis

土壤薄片观察和土壤微形态特征的系统描述和解释。

02.505　微形态计量　micromorphometry
在土壤薄片或显微照片上定量统计各种微形态特征的方法。

02.506　土壤显微[镜]学　soil microscopy
用光学显微镜和电子显微技术研究土壤显微和超显微特征的理论和方法。

02.507　土壤超显微技术　submicroscopic technique of soil
应用电子显微镜、电子探针等电子光学仪器，在超微(nm—mm)范围内观察土壤显微形貌、土壤矿物晶体结构，分析土壤微区成分的技术。

03. 土 壤 物 理 [学]

03.001　土壤物理性质　soil physical property
由物理力引起的土壤特性、过程和反应，并能用物理术语和方程描述。如土壤密度、导水率等。

03.002　土壤三相　soil three phases
土壤固相、液相和气相。

03.003　土壤总容积　soil total volume
固、液、气三相容积的总和。

03.004　固相容积　solid phase volume
土壤中固相所占的容积。

03.005　液相容积　liquid phase volume
土壤中液相所占的容积。

03.006　气相容积　air phase volume
土壤中气相所占的容积。

03.007　土壤颗粒　soil particle
简称"土粒"。土壤中各种粒径的固相颗粒。

03.008　土壤颗粒大小分布　particle-size distribution
又称"颗粒组成(particle composition)"。曾称"机械组成(mechanical composition)"。不同粒径土粒的分量，用质量百分率表示。

03.009　土粒有效直径　effective diameter of soil particle
又称"当量直径(equivalent diameter)"。由沉降法、筛分法或显微镜法测出的颗粒直径。

03.010　斯托克斯定律　Stokes' law

球状实体在液体中下沉时所受阻力的方程。

03.011 土壤颗粒大小分析 soil particle-size analysis

曾称"土壤机械组成分析"。用沉降法等测定土壤中不同大小土壤颗粒的量。

03.012 石块 stone

03.013 砾 cobble

03.014 石块质 stony

03.015 砾质 cobbly

03.016 砾石 cobblestone

03.017 石砾 gravel

03.018 粗屑体 coarse fragment

03.019 砂粒 sand

03.020 粉[砂]粒 silt

03.021 黏粒 clay

03.022 物理性砂粒 physical sand

卡钦斯基(H. A. Качинский)分类制中直径>0.01mm 的土壤颗粒。

03.023 物理性黏粒 physical clay

卡钦斯基(H. A. Качинский)分类制中直径<0.01mm 的土壤颗粒。

03.024 土壤分散[作用] soil dispersion

土壤经物理和化学等作用而使土粒彼此分开的过程。

03.025 土壤分散剂 soil dispersing agent

粒径分析中分散土壤颗粒的制剂。

03.026 土粒沉降累积曲线 particle sedimental accumulated curve

以小于某一直径的颗粒含量为纵坐标,粒径为横坐标所绘出的曲线。

03.027 土壤质地 soil texture

按土壤中不同粒径颗粒相对含量的组成而区分的粗细度。

03.028 砂土 sand

03.029 壤砂土 loamy sand

03.030 粉[砂]土 silt

03.031 砂壤土 sandy loam

03.032 壤土 loam

03.033 粉[砂]壤土 silt loam

03.034 砂质黏壤土 sandy clay loam

03.035 黏壤土 clay loam

03.036 粉[砂]质黏壤土 silty clay loam

03.037 砂黏土 sand clay

03.038 粉[砂]黏土 silty clay

03.039 黏土 clay

03.040 粗砂土 coarse sand

03.041 细砂土 fine sand

03.042 轻壤土 light loam

03.043 中壤土 medium loam

03.044 重壤土 heavy loam

03.045 轻黏土 light clay

03.046 中黏土 medium clay

03.047 重黏土 heavy clay

03.048　土壤质地剖面　soil texture profile
土壤剖面中不同质地层次的排列。

03.049　土壤结构　soil structure
土壤中不同颗粒的排列和组合形式。

03.050　土粒胶结[作用]　soil particle cementation
土粒通过有机和无机胶体而结合在一起的过程。

03.051　土粒凝聚[作用]　soil particle coagulation
土粒通过反荷离子等作用而絮固的过程。

03.052　干湿交替[作用]　alternation of drying and wetting
土壤反复经受干缩和湿涨的过程。

03.053　冻融交替[作用]　alternation of freezing and thawing
土壤反复经受冷冻和热融的过程。

03.054　团聚[作用]　aggregation
由于各种力的作用使土粒团聚在一起的过程。

03.055　碎裂[作用]　fragmentation
由于各种力的作用使岩块或土体崩解的过程。

03.056　土壤结构分类　soil structure classification
按土壤结构单位形态和性质而区分的类别。

03.057　土壤结构类型　soil structure type
按土壤结构单位形态及其排列而区分的类型。

03.058　结构形态　structure morphology
土壤结构单位的大小和形状。

03.059　块状结构　blocky structure
水平轴和垂直轴相近,界面平或弯曲,彼此能吻合的结构单位。

03.060　角块状结构　angular blocky structure
水平轴和垂直轴相近,平界面混有明显棱角的结构单位。

03.061　亚角块状结构　subangular blocky structure
平界面夹圆界面,有很多圆棱角的结构单位。

03.062　粒状结构　granular structure
水平轴和垂直轴相近,界面平或弯曲,彼此不能吻合的结构单位。

03.063　柱状结构　columnar structure
水平轴比垂直轴短,沿垂直线排列,有圆头的结构单位。

03.064　棱状结构　prismatic structure
水平轴比垂直轴短,沿垂直线排列,无圆头的结构单位。

03.065　片状结构　platy structure
水平轴比垂直轴长,沿水平面排列的结构单位。

03.066　土壤结构度　soil structure grade
按团聚体内和间的稳定程度而区分的类别。

03.067　大结构　macrostructure
通常直径为 0.25—10mm 的结构单位。

03.068　微结构　microstructure
通常直径为 <0.25mm 的结构单位。

03.069　团聚体　aggregate
土粒通过各种自然过程的作用而形成的直径 <10mm 的结构单位。

03.070　大团聚体　macroaggregate

直径＞0.25mm的团聚状结构单位。

03.071 微团聚体 microaggregate
直径＜0.25mm的团聚状结构单位。

03.072 原生颗粒 primary particle
又称"单粒(single particle)"。参与结构形成的单独的颗粒。

03.073 次生颗粒 secondary particle
又称"复粒(compound particle)"。单粒通过各种作用而形成的复合颗粒。

03.074 结构单位 structure unit
又称"结构体(ped)"。主要由自然力而形成,具有明显界面的土粒复合体。

03.075 结构剖面 structure profile
土壤剖面中不同结构层次的排列。

03.076 原状土 undisturbed soil
结构未被破坏的土壤。

03.077 结壳 crust
又称"结皮"。处于土表厚达数毫米到数厘米的坚硬表层。

03.078 稳定性团聚体 stable aggregate
抗外力分散的土壤团聚体。

03.079 水稳性团聚体 water stable aggregate
抗水力分散的土壤团聚体。

03.080 力稳性团聚体 mechanical stable aggregate
抗机械力分散的土壤团聚体。

03.081 非稳定性团聚体 instable aggregate
外力易分散的土壤团聚体。

03.082 团聚体消散 aggregate slaking
团聚体浸水后的分散现象。

03.083 团聚体崩解 aggregate disintegration
团聚体在外力作用下的破坏过程。

03.084 结构退化 structure degradation
团聚体不稳定而使土体丧失持水和通气适宜比例的过程。

03.085 结构指标 structure index
表示某一土壤结构状况的物理性质参数。如水稳性团聚体含量和孔隙度等。

03.086 分散系数 dispersive coefficient
按卡钦斯基概念,微团聚体分析中的黏粒含量与颗粒分析中黏粒含量的百分比。

03.087 结构系数 structure coefficient
按卡钦斯基概念,颗粒分析中黏粒含量减去微团聚体分析中黏粒含量与颗粒分析中黏粒含量的百分比。

03.088 破裂系数 rupture modulus
土样施加侧压破碎时所需力的表征值。

03.089 土壤改良剂 soil amendment
改善土壤性质的物料。如石灰、石膏、有机肥和合成聚合物等。

03.090 土壤结构改良剂 soil conditioner
改善土壤结构的物料。如泥炭、有机肥及合成聚合物等。

03.091 土壤比表面 soil specific surface area
单位质量或单位容积中土壤颗粒总表面积。

03.092 内表面 internal surface area
膨胀性2:1型黏土矿物晶层内表面。

03.093 外表面 external surface area
黏土矿物晶层外的表面积。

03.094 土壤密度 soil density

又称"土壤容重(soil bulk density)"。单位容积土壤的质量。根据干土和湿土质量又可分别称干土壤密度和湿土壤密度。

03.095 土粒密度 soil particle density
曾称"土壤比重(soil specific gravity)"。单位容积土粒的质量。

03.096 孔径分布 pore-size distribution
土壤中不同大小孔隙的容积分量,以土壤总容积百分率表示。

03.097 土壤孔隙 soil pore space
土壤总容积中除固相部分以外的空间。

03.098 土壤孔隙度 soil porosity
单位土壤总容积中的孔隙容积。

03.099 当量孔隙 equivalent pore
相当于一定水势范围内的土壤孔隙。

03.100 充气孔隙 airfilled pore

03.101 持水孔隙 water-holding pore

03.102 团聚体内孔隙 intra-aggregate pore

03.103 团聚体间孔隙 inter-aggregate pore

03.104 通气孔隙度 air porosity, aeration porosity
一定水势或含水量条件下,单位土壤总容积中空气占的孔隙容积。

03.105 持水孔隙度 water-holding porosity
一定水势或含水量条件下,单位土壤总容积中水占有的孔隙容积。

03.106 土壤比容 soil specific volume
单位质量干土的容积。

03.107 浸水土壤密度 water immersed soil density
单位浸水土壤容积中干土的质量。

03.108 孔隙比 pore space ratio
土壤中孔隙容积和固相土粒容积的比值。

03.109 曲率 tortuosity
土壤孔隙的弯曲度。

03.110 土壤水[分] soil water
土壤中各种形态(或能态)水的统称。

03.111 土壤水形态 soil water form
土壤中水的不同物理状态。

03.112 土壤固态水 soil water in solid phase

03.113 土壤液态水 soil water in liquid phase

03.114 土壤气态水 soil water in vapor phase

03.115 束缚水 confined water
由土壤颗粒表面吸附力所保持的水分。

03.116 薄膜水 film water
由土壤颗粒表面吸附所保持的水层,其厚度达几个或百个以上的水分子层。

03.117 触点水 pendular water
在颗粒接触处由弯月面力所持的水分。

03.118 毛管水 capillary water
由毛管力所持的水分。

03.119 毛管凝结水 capillary condensation water
由于温度下降毛管中气态水转化为液态水部分。

03.120 毛管悬着水 capillary suspending

water

土体中与地下水位无联系的毛管水。

03.121 毛管支持水 capillary supporting water

土体中与地下水位有联系的毛管水。

03.122 重力水 gravitational water

受重力作用的土壤水。

03.123 吸湿水 hygroscopic water

干土从空气中吸着水汽所保持的水。

03.124 最大吸湿量 maximum hygroscopicity

干土在近于水汽饱和的大气中吸附水汽,并在土粒表面凝结成液态水的数量。

03.125 土壤水[分]常数 soil water constant

在一定条件下的土壤特征性含水量。如田间持水量,萎蔫含水量等。

03.126 饱和含水量 saturated water content

土壤中孔隙都充满水时的含水量。以干土质量或容积的百分量表示。

03.127 田间持水量 field capacity

田间水饱和后,在防止蒸发条件下2—3天内自由水排除至可忽略不计时的含水量。以干土质量或容积的百分量表示。

03.128 萎蔫含水量 wilting point

又称"稳定凋萎含水量"。植物凋萎并不能复原时的土壤含水量。

03.129 土壤含水量 soil water content

105℃烘干至恒重时失去的水量。以单位质量干土中水的质量或单位土壤总容积中水的容积表示。

03.130 绝对含水量 absolute water content

单位质量干土中的水质量或单位土壤总容积中水的容积。

03.131 相对含水量 relative water content

土壤绝对含水量与土壤饱和含水量或田间持水量的比值。

03.132 质量含水量 mass water content

以质量计算的含水量。

03.133 体积含水量 volumetric water content

以体积计算的含水量。

03.134 土壤水[分]状况 soil water regime

周年或某一时段内土体中含水量的动态变化。

03.135 风干土 air-dry soil

置于室温下干燥的土壤。

03.136 烘干土 oven-dry soil

105℃烘至恒定质量时的土壤。

03.137 土壤水能态 energy state of soil water

土壤水具有的能量,主要指势能。

03.138 土水势 soil water potential

极小单位水量从一个平衡的土－水系统可逆地移到和它温度相同,处于参比状态水池时所作的功。

03.139 基质势 matric potential

极小单位水量从一个平衡的土－水系统可逆地移到没有基质的,而其他条件都相同的参比状态水池所作的功。

03.140 重力势 gravitational potential

极小单位水量从一个平衡的土－水系统可逆地移到任何位置,而其他条件都相同的参比状态水池时所作的功。

03.141 渗透势 osmotic potential

又称"溶质势(solute potential)"。极小单位水量从一个平衡的土－水系统可逆地移到没有溶质的,而其他条件都相同的参比状态水池时所作的功。

03.142 压力势 pressure potential

极小单位水量从一个平衡的土－水系统可逆地移到除压力不等于参比压力,而其他条件都相同的参比状态水池时所作的功。

03.143 总势 total potential

土壤渗透势、基质势等各分势的总和。

03.144 水力势 hydraulic potential

压力势、基质势和重力势的总和。

03.145 土壤[水]吸力 soil water suction

一般为土壤基质的吸力。

03.146 基质吸力 matric suction

土壤基质吸持水的能力。

03.147 渗透吸力 osmotic suction

溶液中溶质产生的渗透压所吸持水的能力。

03.148 土壤水[分]特征曲线 soil water characteristic curve

表示土壤含水量和土壤基质势间关系的曲线。

03.149 脱水曲线 water desorption curve

水流出土壤,基质势随含水量下降而减小的曲线。

03.150 吸水曲线 water sorption curve

水流入土壤,基质势随含水量增加而增大的曲线。

03.151 土壤水[分]滞后现象 soil water hysteresis

在同一水势下,脱水过程的含水量总比吸水过程的含水量要高的现象。

03.152 进气吸力值 value of air-entry suction

饱和土壤脱水过程中开始进入空气时的吸力值。

03.153 比水容量 specific water capacity

单位土壤基质势(或吸力)变化时单位质量土壤可释放或吸收的水量。

03.154 张力计 tensiometer

用多孔陶土探头,通过充满水的导管,与水银压力计或真空压力计连接,在原位测定土壤基质势的仪器。

03.155 土壤水流 soil water flow

由各种力作用引起的土壤中水的流动。

03.156 土壤饱和水流 saturated soil water flow

所有土壤孔隙充满水时的水的流动。其动力为重力势梯度和压力势梯度。

03.157 土壤非饱和水流 unsaturated soil water flow

部分土壤孔隙中持水时的水的流动。其动力主要为基质势(吸力)梯度和重力势梯度。

03.158 稳态水流 steady state water flow

流往任何一点的水量不随时间而变的水流。

03.159 非稳态水流 nonsteady state water flow

又称"瞬态水流"。流往任何一点的水量随时间而变的水流。

03.160 优先流 preferential flow

在土壤大孔隙中的水流。

03.161 毛管水活动带 zone of capillary

flow
土体中处于地下水位以上并与其水压相联系的毛管水运动区。

03.162 毛管边缘 capillary fringe
土体中处于地下水位饱和层以上,与近饱和层之间的区域。

03.163 毛管锋 capillary front
毛管水的湿润前锋。

03.164 热毛管运动 thermal capillary movement
土壤毛管水由于温度差异产生的移动。

03.165 薄膜运动 film movement
膜状水由厚膜向薄膜处移动。

03.166 水汽运动 vapor movement
土壤孔隙中水汽分子的运动。

03.167 土壤水[分]扩散率 soil water diffusivity
单位含水量梯度下土壤水的通量。

03.168 土壤导水率 soil hydraulic conductivity
土壤中单位水力势梯度下水的通量密度。

03.169 饱和导水率 saturated hydraulic conductivity
在水分饱和条件下,土壤的导水率。

03.170 非饱和导水率 unsaturated hydraulic conductivity
在水分非饱和条件下,土壤的导水率。

03.171 水势梯度 water potential gradient
土体中两点间水势之差与两点间距之比。

03.172 湿度梯度 moisture gradient
土体中两点间含水量之差与两点间距之比。

03.173 水力梯度 hydraulic gradient
土体中两点间水头之差与两点间距之比。

03.174 吸力梯度 suction gradient
土体中两点间吸力之差与两点间距之比。

03.175 达西定律 Darcy's law
由 Darcy 于 1856 年提出的关于水在饱和多孔介质中流量的定律。即 $q = K \dfrac{\triangle H}{L}$,式中 q 为水通量密度,K 为导水率,$\triangle H$ 为水头差或总水势差,L 为距离。

03.176 水通量 water flux
单位时间内通过土壤截面的水量。

03.177 水通量密度 water flux density
单位时间内通过单位土壤截面的水量。

03.178 溶质运移 solute transfer
土壤溶液中的溶质因扩散、对流、弥散作用在土壤中的移动。

03.179 溶质对流 solute convection
又称"溶质质流(solute mass flow)"。由于土壤水流而引起的溶质移动。

03.180 溶质扩散 solute diffusion
由溶质浓度梯度而引起的溶质移动。

03.181 溶质弥散 solute dispersion
因土壤中孔隙大小不同等原因造成局部流速差异引起的溶质移动。

03.182 扩散－弥散 diffusion-dispersion
又称"水动力弥散(hydrodynamic dispersion)"。扩散与弥散的统称。两种作用一般同时存在。

03.183 扩散系数 diffusion coefficient
因扩散作用引起的单位时间内、单位浓度梯度下通过单位土壤截面的溶质量。

03.184 弥散系数 dispersion coefficient

因弥散作用引起的单位时间内,单位浓度梯度通过单位土壤截面的溶质量。

03.185 扩散 - 弥散系数 diffusion-dispersion coefficient

由扩散 - 弥散作用引起的,单位时间内,单位浓度梯度通过单位土壤截面的溶质量。

03.186 混合置换 miscible displacement

与土壤溶液组成或浓度不同的某种溶液进入土壤,两种溶液相混合后,使流出液的组成或浓度逐渐改变的过程。

03.187 水[文]循环 hydrologic cycle

大气降水通过蒸发、蒸腾又进入大气的往返过程。

03.188 土壤水平衡 soil water balance

一定时间内土壤水的收支平衡状况。

03.189 降水 precipitation

自云中降落到地面的水汽凝结物。有液态或固态两种降水形式。

03.190 有效降水 effective precipitation

总降水量中能保持在土壤中并对植物生长有效的那部分水量。

03.191 土壤水入渗 soil water infiltration

水通过土表向下渗入土体的过程。

03.192 侧渗 lateral seepage

又称"土内径流(underground runoff)"。土内水侧向流动的过程。

03.193 渗滤 percolation

水力梯度≤1时,饱和或近饱和土壤中水向下流动的过程。

03.194 渗滤率 percolation rate

水饱和或近饱和条件下单位时间内通过土壤截面向下渗漏的水量。

03.195 入渗通量 infiltration flux

单位时间内由土表渗入单位截面土壤中的水量。

03.196 初始入渗率 initial infiltration rate

入渗开始时与土壤本底湿度有关的水流速率。

03.197 稳定入渗率 stable infiltration rate

入渗后水流稳定时的速率,它等于或接近饱和导水率。

03.198 内通透性 intrinsic permeability

土壤作为多孔介质对任何均质流体具有容易通过的性质。通常可用 $k = K\eta/\rho g$ 表示,式中 K 导水率,η 流体滞度,ρ 流体密度,g 重力加速度。

03.199 湿润锋 wetting front

水向下入渗时湿土和干土的界面。

03.200 土壤水[分]再分布 soil water redistribution

土表水入渗过程结束后,水在重力和吸力梯度影响下在土壤中向下移动重新分布的过程。

03.201 空间变异 spatial variability

土壤性质的横向或纵向变化。

03.202 土壤排水 soil drainage

通过沟渠等将过多的地表和土壤水排除。

03.203 地面排水 surface drainage

通过地面排水系统等排除地面积水。

03.204 地下排水 underground drainage

一般通过降低地下水位排除过多的土壤水。

03.205 暗管排水 tile drainage

在土体中埋设各种管道排除过多的土壤水。

03.206 明沟排水 ditch drainage
通过地面开挖排水沟渠而排除过多的土壤水。

03.207 透水层 permeable layer
土体中能透过水的土层。

03.208 不透水层 impermeable layer
土体中极难透过水的土层。

03.209 临界水位 critical groundwater table
不引起土壤次生盐渍化的地下水位高限。

03.210 蓄水层 water storage layer
能储水的土层。

03.211 渍水 waterlogging
又称"涝"。土壤中水分过多一时不能排除的现象。

03.212 淹水 water flooding
农田表面出现水层的现象。

03.213 渗滤水采集器 lysimeter
在控制条件下测定渗漏、淋失或土壤水平衡等的装置。

03.214 土壤水[分]蒸发 soil water evaporation
土壤水汽化进入大气的过程。

03.215 土壤水汽扩散 soil vapor diffusion
由水汽压差引起的水汽移动。

03.216 土壤潜在蒸发 soil potential evaporation
土壤在无限供水时的水分蒸发。

03.217 蒸腾 transpiration
水分通过植物体从表面特别是叶面气孔以气态进入大气的过程。

03.218 蒸腾系数 transpiration coefficient
又称"需水量(water requirement)"。植物制造一克物质所消耗的水分克数。

03.219 蒸散[作用] evapotranspiration
一定时间内,一定面积上土表蒸发和植物蒸腾的总和。

03.220 潜在蒸散 potential evapotranspiration
又称"参比蒸散(reference evapotranspiration)"。土壤在无限供水时的蒸发和蒸腾总和。

03.221 实际蒸散 actual evapotranspiration
土壤在田间实际条件下的蒸发和蒸腾总和。

03.222 潜在蒸腾 potential transpiration
土壤在无限供水时由大气因素决定的植物蒸腾失水量。

03.223 相对蒸腾 relative transpiration
实际蒸腾与潜在蒸腾的比值。

03.224 干燥度 aridity
年总蒸发量与年总降水量的比值。

03.225 旱农 dryland farming
半干旱、半湿润地区主要依赖自然降水的农业。

03.226 雨养农业 rainfed farming
依靠自然降水的农业。

03.227 水分胁迫 water stress
因土壤水分不足而明显抑制植物生长的现象。

03.228 土壤－植物－大气连续体 soil-plant-atmosphere continuum, SPAC
由水势引起水由土壤进入植物体,再向大气扩散的体系。

03.229 主动吸收[水分] active uptake [water]

由植物根细胞溶质浓度造成的水势梯度所引起的吸水过程。

03.230 被动吸收[水分] passive uptake [water]

由蒸腾造成的水势梯度所引起的吸水过程。它所吸收的水量可达植物需水量的90%以上。

03.231 有效水 available water

土壤中能被植物根系吸收的水,通常为田间持水量和萎蔫含水量间的水量。

03.232 灌溉 irrigation

有目的的向土壤供水。

03.233 灌溉效益 irrigation efficiency

一定面积上作物实际耗水量与灌溉水量的比值。

03.234 节水灌溉 water saving irrigation

03.235 节水农业 water saving agriculture

通过节约用水和提高水利用率达到作物高产或维持一定产量水平的农业。

03.236 土壤空气状况 soil air regime

土体中空气容量和组成及其动态变化。

03.237 土壤空气 soil air

土壤中的气体。如:H_2O, CO_2, O_2, CH_4, C_2H_4 和 N_2O 等。

03.238 土壤空气容量 soil air capacity

处于土壤孔隙中的空气含量。以土壤总容积的空气容积分量表示。

03.239 土壤空气组成 soil air composition

土壤中各种气体的成分。常以容积分量表示。

03.240 土壤通气性 soil aeration

土壤具有通透空气的性质。

03.241 土壤通透性 soil permeability

土壤具有通气、透水以及植物根系穿插的特性。

03.242 土壤空气交换 soil air exchange

又称"土壤空气更新"。土壤空气与大气的交换。

03.243 土壤空气扩散 soil air diffusion

土壤中气体分子因浓度梯度或分压不同而产生的移动。

03.244 土壤空气扩散系数 diffusion coefficient of soil air

单位浓度梯度下,单位时间内通过单位土壤截面的气体量。

03.245 土壤空气相对扩散系数 relative diffusion coefficient of soil air

土壤空气的扩散系数(D_s)和自由空气的扩散系数(D_o)的比值。它是土壤通气性的重要指标。

03.246 气通量 air flux

单位时间内,通过单位土壤截面的气体量。

03.247 氧扩散率 oxygen diffusion rate, ODR

单位时间通过单位土壤截面的氧的质量。它是土壤通气性的重要指标。

03.248 土壤呼吸 soil respiration

土壤空气中 CO_2 不断向大气中扩散,大气中的 O_2 不断进入土壤的过程。

03.249 土壤呼吸强度 intensity of soil respiration

单位时间内,在单位面积土壤上由土壤扩散出来的 CO_2 量。

03.250 呼吸商 RQ-respiratory quotient

土壤中 CO_2 和 O_2 的比值。

03.251 土壤温度 soil temperature

03.252 土壤温度状况 soil temperature regime

土体中的温度分布及其动态变化。

03.253 土壤温度梯度 soil temperature gradient

土体中两点温度之差与两点间距之比。

03.254 土壤热 soil heat

03.255 土壤热状况 soil heat regime, soil thermal regime

土体中的热量分布及其动态变化。

03.256 土壤热交换 soil heat exchange, soil thermal exchange

由于季节和昼夜间大气和土壤间温度不同而热量彼此交换的过程。

03.257 土壤热容量 soil heat capacity, soil thermal capacity

单位质量土壤(或容积土壤)每升高 1℃ 温度时所需的热量。

03.258 质量热容量 mass heat capacity

又称"比热(specific heat)"。单位质量土壤每升高 1℃ 温度时所需的热量。

03.259 容积热容量 volume heat capacity

单位容积土壤每升高 1℃ 温度时所需的热量。

03.260 土壤热传导 soil heat conduction, soil thermal conduction

土壤中热量由温度高处向温度低处流动的过程。

03.261 湿润热 wetting heat

烘干土被水湿润时放出的热量。

03.262 导热率 heat conductivity, thermal conductivity

又称"导热系数(coefficient of heat conductivity)"。单位温度梯度下单位时间通过单位土壤截面的热量。

03.263 土壤热扩散率 soil heat diffusivity, soil thermal diffusivity

又称"导温率(temperature conductivity)"。单位温度梯度下,单位时间流入单位土壤截面热量使单位容积土壤发生的温度变化。

03.264 土壤热流 soil heat flow

土壤中由温度梯度等因素引起的热量的流动。

03.265 土壤热平衡 soil heat balance, soil thermal balance

土壤中热量的收支相当。

03.266 热通量密度 heat flux density

单位时间通过单位土壤截面的热量。

03.267 土[壤]力学 soil mechanics

研究力与土壤相互作用的学科。

03.268 土[壤]动力学性质 dynamic property of soil

土壤受外力作用时所产生的力学性质。

03.269 耕作动力学 tillage dynamics

研究耕作机具操作时的力与土壤相互作用的学科。

03.270 土壤结持度 soil consistency

土壤在不同含水量时表现出黏结力和黏着力大小的程度。

03.271 土壤结持性 soil consistence

土壤具有黏结、黏着或抗变形、裂断等的属性。

03.272　阿特贝限　Atterberg limits
由 Atterberg 提出的细质土的结持限。现常用的有流限、塑限和塑性指数等。

03.273　流限　liquid limit
又称"塑性上限(upper plastic limit)"。在标准处理下土样开始流动时的最低含水量限。

03.274　塑限　plastic limit
又称"塑性下限(lower plastic limit)"。土样已能变形,但不断裂时的最低含水量限。

03.275　塑性距　plasticity range
土样呈塑性时的含水量范围。

03.276　可塑性　plasticity
土壤在一定含水量时,在外力作用下能成形,当外力去除后仍能保持塑形的性质。

03.277　塑性指数　plastic index
又称"塑性数(plasticity number)"。流限和塑限间的质量含水量差值。

03.278　塑性流定律　law of plastic flow
施加力与塑性体流量间的函数关系。

03.279　土壤黏度　soil viscosity
阻碍泥浆状土壤相对流动的特性。

03.280　土壤表观黏度　soil apparent viscosity
在一定条件下测得的黏度。

03.281　黏着点　sticky point
土壤开始不黏着于外物时的质量含水量。又称脱黏点。

03.282　土壤流变学　soil rheology
研究土壤在塑性和黏滞结持状态下的变形和流动等特性的学科。

03.283　土壤黏着力　soil adhesion
又称"土壤黏附力"。土壤颗粒黏附外物的力。

03.284　土壤黏结力　soil cohesion
又称"土壤内聚力"。土壤颗粒间的结合力。

03.285　黏粒活度　activity of clay
(1)塑性指数与黏粒含量的比值。(2)阳离子交换量与黏粒含量的比值。

03.286　土壤变形　soil deformation
外力作用于土体而产生的应变和颗粒位移的现象。

03.287　土壤剪切　soil shear

03.288　剪切强度　shear strength
由土壤黏结力和内摩擦力所构成的强度。

03.289　剪切应力　shear stress
由剪切而产生的单位剪切面上的内力。

03.290　抗拉强度　tensile strength
抵抗土体裂断时的强度。

03.291　土壤摩擦[力]　soil friction
土壤本身或与其他物体相互接触而作相对位移时作用于接触面上的力。

03.292　土壤膨胀　soil swelling, soil expansion
黏质土壤在吸水时总容积增大的现象。

03.293　线胀系数　coefficient of linear extensibility, COLE
33kPa 张力时湿土长度与干土长度之差对干土长度的比率。

03.294　土壤膨胀压　soil swelling pressure
土壤吸水膨胀时所产生的压力。

03.295　土壤膨胀指数　soil swelling index
反映土壤膨胀性能的指标。一般用压实土壤吸水后产生的膨胀压表示。

03.296　土壤收缩　soil shrinkage
黏质土壤随含水量减少而总容积减小的现象。

03.297　结构收缩　structure shrinkage
黏质土壤在含水量减少过程中,首先出现的土壤总容积减少低于失水容积减少的阶段。

03.298　常态收缩　normal shrinkage
黏质土壤在含水量减少的过程中,土壤总容积的减少与失水容积的减少相等的阶段。

03.299　剩余收缩　residual shrinkage
黏质土壤在含水量减少的过程中,土壤总容积的减少大于失水容积的减少阶段。

03.300　土壤压缩　soil compression
土壤在荷载下总容积减小的现象。

03.301　土壤压缩指数　soil compression index
土壤孔隙比与压力对数的相关曲线上的斜率。

03.302　土壤可压缩性　soil compressibility
土壤在荷载下承受总容积下降的性质。

03.303　土壤固结　soil consolidation
水饱和土壤在荷载下随着水的流出而土壤容积压缩的过程。

03.304　超固结　overconsolidation

03.305　土壤强度　soil strength
土壤抵抗或支持外力的能力。

03.306　土壤坚实度　soil hardness
又称"土壤硬度"。土粒排列的密实程度。

03.307　土壤穿入阻力　soil penetration resistance

03.308　锥形指数　cone index
锥形穿入计探头穿入土壤时单位基面上所受的力。

03.309　锥形穿入计　cone penetrometer
测定土壤穿入阻力的一种带有锥形探头的仪器。

03.310　土壤压实　soil compaction
土壤在外力作用下密度增加和孔隙度降低的过程。

03.311　土壤比阻　soil specific resistance
耕作时消耗于每平方厘米土块上的牵引阻力。

03.312　土壤黏闭　soil puddling
由机械功引起土壤孔隙比下降的过程。

03.313　临界荷载点　critical bearing point
土壤能承受的最大荷载。

03.314　可耕性　tillability
土壤容易耕作的程度。

03.315　土块　clod
通常由耕作引起的不同大小的坚实土体。

03.316　土块分布　clod distribution
不同大小土块的组成,用质量百分率表示。

03.317　土壤电磁性　soil electromagnetism
反映土壤各种电磁性质的统称。包括土壤电性和磁性。

03.318　土壤电性　soil electricity

03.319　土壤自然电场　soil natural electric field

03.320　土壤电阻　soil electric resistance

03.321　土壤磁性　soil magnetism

03.322　土壤磁化率　soil magnetic susceptibility

土壤在弱外磁场中产生的感应磁化强度与此外磁场强度之比,是反映土壤磁化难易和磁性强弱的一个指标。

03.323 土壤饱和磁化强度 soil saturated magnetization

03.324 土壤剩磁 soil residual magnetiz-

ability

03.325 土壤反磁质 soil diamagnetic substance

03.326 土壤顺磁质 soil paramagnetic substance

03.327 土壤铁磁质 soil ferromagnetic substance

04. 土 壤 化 学

04.001 土壤矿物化学 soil mineral chemistry

研究各种土壤矿物的化学组成、结构性质及其变化的学科。

04.002 土壤腐殖质化学 soil humus chemistry

研究土壤腐殖质的物质组成、分子结构、大小和化学性质的学科。

04.003 土壤物理化学 soil physical chemistry

应用物理学原理和方法研究土壤中的化学现象和过程的学科。内容包括物质结构、化学热力学、化学动力学、溶液理论、电化学、胶体化学、表面化学等。

04.004 土壤胶体化学 soil colloid chemistry

研究土壤中有机胶体和无机胶体及其复合体的物质结构、电荷特性、胶体的稳定性、胀缩性、流变性等问题的学科。

04.005 土壤表面化学 soil surface chemistry

研究土壤胶体的表面性质(如结构类型、表面能、比表面、电荷特性等)和表面反应(亲合性、吸附、解吸等)的学科。

04.006 土壤电化学 soil electrochemistry

研究土壤中发生的化学变化与电能的关系,以及这种关系在土壤测试技术上的应用的学科。

04.007 土壤溶液化学 soil solution chemistry

研究土壤液相的组成、性质和固－液相之间相互作用的学科。

04.008 土壤养分化学 soil nutrient chemistry

研究土壤中植物养分的化学性质和化学行为,包括各种营养元素的形态、含量、特性及其来源和转化过程的学科。

04.009 土壤污染化学 soil pollution chemistry

研究污染物质进入土壤后的形态转化、迁移的化学行为和生态环境效应,以及消除污染化学措施的学科。

04.010 土壤矿物 soil mineral

土壤中具有特征结构和一定化学式的各种天然无机固态物质。

04.011 [土壤]原生矿物 soil primary mineral

土壤或成土母质中直接来自火成岩或变质

岩的矿物。

04.012　[土壤]次生矿物　soil secondary mineral

岩石或成土母质中的原生矿物、火山玻璃或各种风化产物通过化学或生物作用而转变或重新合成的黏土矿物和氧化物矿物。

04.013　铝硅酸盐　aluminosilicate

晶层结构中含有部分铝氧四面体的硅酸盐。

04.014　层状硅酸盐　phyllosilicate, layer silicate

含 $(Si_2O_5)^{2-}$ 阴离子具有层状晶体结构和片状或纤维状晶形的矿物。其晶体结构由硅氧四面体片和铝(或镁)氧八面体片按 1:1 或 2:1 的比例组成。

04.015　黏土矿物　clay mineral

隐晶质或非晶质含水铝(或镁)硅酸盐矿物的总称。

04.016　黏粒矿物　clay-sized mineral

土壤黏粒粒级所含的一切矿物,包括黏土矿物和非黏土矿物。

04.017　间层黏土矿物　interstratified clay mineral

由多种层状硅酸盐的单元晶层有序或无序地相间重叠而成的黏土矿物。

04.018　结晶矿物　crystalline mineral

各种原子在三维空间有序地重复排列的矿物。

04.019　非晶物质　noncrystalline material

又称"无定形物质(amorphous material)"。原子作无序或短程有序排列,无法用 X 射线或电子衍射检测其晶体结构的矿物或其他固态物质。

04.020　四面体片　tetrahedral sheet

层状硅酸盐晶体结构中硅与周围四个氧成四面体配位,每个四面体通过共用三个氧而与相邻三个四面体在二维平面上联结成的片。

04.021　八面体片　octahedral sheet

层状硅酸盐中的阳离子与四面体片的顶端氧结合时成八面体配位,为了使结构保持层状,八面体也排列成片状。

04.022　二八面体片　dioctahedral sheet

主要由三价的铝或铁等阳离子组成的八面体片,其中阳离子只能占据约 2/3 的中心位置。

04.023　三八面体片　trioctahedral sheet

八面体中心全部(或几乎全部)被镁或亚铁等二价阳离子占据的八面体片。

04.024　单元晶层　unit layer

层状硅酸盐晶体结构中由四面体片和八面体片结合而成的单一层状结构体。

04.025　1:1 型矿物　1:1 type mineral

单元晶层由一片四面体片与一片八面体片通过共用氧的联结而构成的层状硅酸盐矿物。其晶层平面有一面是氧组成的六方网,另一面则是紧密排列的氢氧。

04.026　2:1 型矿物　2:1 type mineral

单元晶层内上下两片四面体片的顶端氧都朝向中央,与阳离子构成一片八面体片。这类层状硅酸盐矿物晶体结构的上下两面都是由四面体底面氧组成的六方网。

04.027　底面间距　basal spacing

又称"基面间距"。在层状硅酸盐晶体结构中单元晶层的基底平面与相邻平行单元晶层的对应平面之间,连同层间物质在内的垂直距离。

04.028　同晶置换　isomorphous substitution

矿物结晶时,有些原子(离子)可被性质相似、大小相近的其他原子(离子)替换并保持原来的结构。

04.029 高岭石 kaolinite
底面间距约 0.72nm 的 1:1 型层状硅酸铝矿物。层间没有阳离子和水分子,相邻单元晶层通过氢键联结,无胀缩性,晶形较完整,典型的呈六方片状。

04.030 埃洛石 halloysite
曾称"多水高岭石"、"叙永石"。底面间距可达 1nm 的 1:1 型层状硅酸铝矿物,晶体呈卷曲的鳞片状、管状或球状。

04.031 蒙皂石 smectite
2:1 型胀缩性含水层状铝硅酸盐矿物的族名。包括二八面体和三八面体亚族。

04.032 蒙脱石 montmorillonite
曾称"微晶高岭石"。二八面体蒙皂石系列中富镁的矿物。层电荷主要来自八面体片内 Mg^{2+} 置换 Al^{3+}。

04.033 贝得石 beidellite
二八面体蒙皂石系列中富铝的矿物。层电荷主要来自四面体片中 Al^{3+} 置换 Si^{4+}。

04.034 绿脱石 nontronite
二八面体蒙皂石系列中富铁的矿物。层电荷主要来自四面体片中 Fe^{3+} 和 Al^{3+} 置换 Si^{4+},相当于富铁的贝得石。

04.035 蛭石 vermiculite
三八面体 2:1 型胀缩性次生铝硅酸盐矿物。层间主要是水合镁离子,颗粒粗大,急速灼烧时因层间水汽化而膨胀,状如水蛭。

04.036 绿泥石 chlorite
层间含有 $[(Mg, Fe^{2+})_{3-x}Al_x(OH)_6]^{x+}$ 八面体片的非胀缩性 2:1 型层状铝硅酸盐矿物。

04.037 过渡矿物 intergradient mineral
胀缩性 2:1 层状硅酸盐层间交换性阳离子被难以交换的聚合羟基铝离子 $[Al_m(OH)_n]^{(3m-n)+}$ 取代后,具有胀缩性矿物向非胀缩性的绿泥石过渡的矿物。

04.038 水云母 hydromica
原生矿物云母初步风化脱钾所成的云母状黏土矿物的总称。

04.039 伊利石 illite
常见于泥质沉积物中的二八面体水云母,单元晶层间常具局部胀缩性。

04.040 伊毛缟石 imogolite
浮石质火山灰土壤中的丝状次晶质含水铝硅酸盐矿物,其 SiO_2/Al_2O_3 摩尔比率在 1.1 左右,只能分散于 pH3.5—4.0 的酸液中,在碱性介质中会沉淀。

04.041 水铝英石 allophane
非晶质的含水铝硅酸盐矿物。其 SiO_2/Al_2O_3 摩尔比率较宽,在 1.3—2 之间,既能溶于 pH3.5 的酸液中,也能溶于 20g/L 的 Na_2CO_3 溶液中,具有巨大的活性表面。火山灰发育的土壤中最多见。

04.042 三水铝石 gibbsite
氢氧化铝矿物中最常见的一种。其中 Al^{3+} 与 OH^- 组成的二八面体片是其基本结构单元,平行重叠的相邻两片八面体互为镜象对称。

04.043 水铁矿 ferrihydrite
结晶很差的暗红棕色微晶质氧化铁矿物 $(Fe_5HO_8 \cdot 4H_2O)$。结构与赤铁矿相似,但其中 Fe^{3+} 的含量少,部分 O 为 H_2O 置换。

04.044 针铁矿 goethite
黄棕色的羟基氧化铁矿物 $(FeOOH)$。

04.045 赤铁矿 hematite

红色结晶氧化铁(Fe$_2$O$_3$)。

04.046　游离氧化铁　free iron oxide
土壤中能被连二亚硫酸钠－柠檬酸钠－重碳酸钠溶液提取的氧化铁及其水合物。

04.047　矿物风化序列　weathering sequence of mineral
又称"矿物风化阶段"。黏粒粒级的矿物在弱酸性条件下风化的先后顺序,用数字(从1到13)表示。

04.048　断键　broken bond
矿物破裂面两边的原子在互相分开时,其间的键随着断开,其上原有价电子仍能与别的原子键合。

04.049　脱钾作用　depotassication
含钾矿物中的结合态钾被别的水合阳离子取代而获释。

04.050　楔形带　wedge zone
云母片的水化脱钾作用由边缘向中心渐进,使薄片边缘作楔状张开。

04.051　形位效应　steric effect
又称"空间效应"。黏土矿物内表面的有限空间,对体形较大的离子团或分子在离子交换或吸附时造成特殊影响。

04.052　土壤胶体　soil colloid
土壤中的固相、液相和气相呈相互分散的胶体状态,其固相颗粒直径一般小于1μm,土壤胶体常指这些固相颗粒。

04.053　土壤有机胶体　soil organic colloid
土壤中腐殖物质、多糖等高分子化合物的细分散状态,具胶体特性。

04.054　土壤矿质胶体　soil mineral colloid
土壤矿物中的细分散颗粒,比表面大并带电荷,具有胶体特性。

04.055　有机矿质复合体　organo-mineral complex
有机胶体与矿质胶体通过表面分子缩聚、阳离子桥接及氢键合等作用连结在一起的复合体。

04.056　土壤酸胶体　soil acidoid
胶粒表面带负电荷,吸附的交换性离子是氢离子和其他阳离子的土壤胶体。土壤酸胶体以腐殖酸胶体和氧化硅胶体为主。

04.057　土壤碱胶体　soil basoid
胶粒表面带正电荷,吸附的交换性离子是氢氧离子和其他阴离子的土壤胶体。

04.058　叠胶　tactoid
黏粒悬浮体凝聚时,颗粒平行定向重叠形成的胶体状态。

04.059　两性胶体　ampholytoid
表面既带负电荷,亦带正电荷的土壤胶体。正负电荷随溶液酸碱反应的变化而变化。

04.060　钙质黏粒　calcium clay
被交换性钙离子饱和的土壤黏粒。

04.061　钠质黏粒　sodium clay
被交换性钠离子所饱和的土壤黏粒。

04.062　氢铝质黏粒　H-Al-clay
交换性阳离子以氢和铝为主的土壤黏粒。这种黏粒盐基不饱和,呈强酸性。

04.063　层间表面　interlayer surface
层状硅酸盐的单元晶层之间的表面。

04.064　硅氧烷表面　siloxane surface
层状硅酸盐中硅氧四面体底面互相连结而成的六方网状平面层,其基本组成为 Si－O。

04.065　硅烷醇基　silanol group
层状硅酸盐中断键处裸露的 Si－OH。

04.066 铝醇基 aluminol group
层状硅酸盐矿物断键处裸露的 Al‐OH。

04.067 铁醇基 ferrol group
层状硅酸盐矿物断键处裸露的 Fe‐OH。

04.068 羟基表面 hydroxyl surface
高岭石和针铁矿等晶体外露的八面体片的 OH 表面。

04.069 羟基铝间层 hydroxyl-aluminum interlayer
位于层状硅酸盐单元晶层中间的 $Al(OH)_3$ 聚合物,它不能与其他阳离子交换。

04.070 羟基化作用 hydroxylation
土壤矿物(如黑云母、三二氧化物等)中氧原子等经水化反应生成羟基的过程。

04.071 质子化作用 protonation
胶体表面的羟基通过吸附而与质子(H^+)相缔合的过程。

04.072 恒电荷表面 constant charge surface
电荷不随环境 pH 的变化而变化的胶体表面。

04.073 恒电位表面 constant potential surface
带有可变电荷,其电位取决于决定电位离子 H^+ 或 OH^-,与电介质浓度无关的表面。

04.074 土粒电荷 soil particle charge
由土壤有机及矿质胶体综合表现出的电荷。

04.075 表面电荷 surface charge
胶粒表面所反映的净电荷。

04.076 结构电荷 structure charge
矿质胶体同晶置换过程中因置换离子的价

数不等和电荷总数不同,而使胶体带有的电荷。

04.077 层电荷 layer charge
层状硅酸盐单元晶层内主要由于同晶置换作用而产生的负电荷。

04.078 单位化学式电荷 charge per formula unit
按单位化学式计算的层电荷数。

04.079 固有电荷 intrinsic charge
土壤矿质和有机胶体总共带有的电荷,包括同晶置换和官能团解离形成的电荷。

04.080 永久电荷 permanent charge
主要来自矿质胶体内的同晶置换,而不随环境 pH 而改变的电荷。

04.081 可变电荷 variable charge, pH dependent charge
由于环境 pH 改变,胶体表面电荷的数量和符号发生变化。如在低 pH 时表面羟基质子化带正电荷,在高 pH 时 H^+ 解离,表面带负电荷。

04.082 质子电荷 proton charge
每个质子带有的一个正电荷。

04.083 表面电荷密度 surface charge density
胶体单位表面积上的电荷数。

04.084 扩散双电层 diffused double layer
胶体表面电荷吸引反号电荷离子,在固相界面正负电荷分别排列成两层,在电解质溶液中部分反号离子呈扩散状态分布。

04.085 决定电位离子 potential determining ion
吸附在胶粒表面,决定胶粒电荷正负及大小的一层离子。

04.086 阳离子交换 cation exchange
胶体吸附的阳离子与周围溶液中的阳离子
进行等当量代换。

04.087 阳离子交换量 cation exchange
capacity, CEC
每千克土壤或胶体,吸附或代换周围溶液
中的阳离子的厘摩尔数。

04.088 阳离子交换位 cation exchange
site
胶体进行阳离子交换的位置,它处在晶体
表面、晶层之间或边缘断键处。

04.089 层间交换位 interlayer exchange
site
层状硅酸盐晶层间,进行阳离子交换的位
置。

04.090 吸附态离子 adsorbed ion
被土壤胶体吸附而失去游离活动能力的离
子。

04.091 交换性阳离子 exchangeable
cation
能与溶液中的阳离子进行等当量交换的胶
体上吸附的阳离子。

04.092 交换性阴离子 exchangeable anion
带正电荷或负电荷的胶体上带有正电荷的
交换位,能按等当量方式进行溶液与胶体
间交换的阴离子。

04.093 交换性盐基 exchange base
交换性阳离子中的 Ca^{2+}、Mg^{2+}、K^+、Na^+
等盐基离子。

04.094 实际阳离子交换量 effective
cation exchange capacity, ECEC
为中性醋酸铵提取的交换性盐基和中性氯
化钾提取的交换性氢、铝之和。主要适用
于热带和亚热带土壤。

04.095 交换性阳离子百分率 exchange-
able cation percentage, ECP
交换性阳离子占交换性阳离子总量的百分
数。

04.096 交换性钠百分率 exchangeable
sodium percentage, ESP
交换性钠占交换性阳离子总量的百分数。

04.097 钠交换比 exchangeable sodium
ratio, ESR
溶液中交换性 Na^+ 与交换性 Ca^{2+}、Mg^{2+} 浓
度之和的比值。

04.098 钠吸附比 sodium adsorption ratio,
SAR
溶液中 Na^+ 浓度与 Ca^{2+}、Mg^{2+} 浓度之和的
平方根的比值。

04.099 盐基饱和度 base saturation per-
centage
土壤吸附的交换性盐基离子占交换性阳离
子总量的百分数。

04.100 盐基饱和度效应 effect of degree
of base saturation
盐基饱和度影响一系列土壤性质(如团聚
性、分散性、养分有效性、酸碱性等)的作
用。

04.101 阴离子交换 anion exchange
被胶体表面正电荷吸附的阴离子与溶液中
阴离子的交换。

04.102 阴离子交换量 anion exchange ca-
pacity
土壤能吸附的交换性阴离子的总和,以每
千克土壤或胶体的电荷厘摩尔(cmol)表
示。

04.103 阴离子吸持 anion retention
通过各种作用把阴离子保持在土壤中的过
程。

04.104 阴离子吸附 anion adsorption
阴离子在土壤颗粒表面的富集过程。

04.105 阴离子渗入 anion penetration
铁铝氧化物表面的氧离子被阴离子置换的过程。

04.106 阴离子排斥 anion exclusion
土粒表面阴离子受负电荷排斥的作用。

04.107 离子选择性 ion selectivity
固相表面对各种离子吸附亲和力大小不同的现象。

04.108 专性吸附 specific adsorption
非静电因素引起的土壤对离子的吸附。

04.109 非专性吸附 nonspecific adsorption
土粒表面由静电引力对离子的吸附。

04.110 选择吸附 selective adsorption
土粒表面对各种同价离子的差别吸附现象。

04.111 优先吸附 preference adsorption
土粒表面对某一离子偏好的吸附现象。

04.112 负吸附 negative adsorption
土粒表面的离子浓度低于整体溶液中该离子浓度的现象。

04.113 选择系数 selectivity coefficient
离子交换反应中的平衡系数。

04.114 反荷离子 counter ion
与胶体表面电荷符号相反的交换性离子。

04.115 互补离子 complementary ion
与进行交换反应的离子共存的其他交换性离子。

04.116 互补离子效应 effect of complementary ion
各种交换性盐基离子之间相互影响的作用。

04.117 嵌插作用 intercalation
外来分子插入黏土矿物层间的过程。

04.118 铁解作用 ferrolysis
由于铁的氧化还原交替导致黏粒结构破坏的过程。

04.119 吸附作用 adsorption
分子、离子或原子在固相表面富集过程。

04.120 解吸作用 desorption
被吸附的离子被另一离子置换，由固相进入溶液中的过程。

04.121 固定作用 fixation
使有效养分离子失效的过程。

04.122 表面络合物 surface complex
固相表面官能团与溶液中分子作用而生成的稳定产物。

04.123 内圈络合物 innersphere complex
表面官能团与分子间没有溶剂分子插入的络合物。

04.124 外圈络合物 outersphere complex
表面官能团与分子间插入溶剂分子的络合物。

04.125 谐溶 congruent dissolution
矿物完全溶解后不产生沉淀的现象。

04.126 不谐溶 incongruent dissolution
矿物在溶解过程中部分成分产生新的固体或沉淀的现象。

04.127 配位体交换 ligand exchange
铁铝氧化物表面的配位体与溶液中配位体的交换反应。

04.128 土壤溶液电导率 electrical conductivity of soil solution

由溶液中盐分引起的电导率。以 S/m 表示。

04.129 土壤酸碱平衡 soil acid-base equilibrium
土壤中酸、碱物质相互转化并达到平衡的过程。

04.130 土壤反应 soil reaction
土壤酸性或碱性的程度,常以 pH 表示。

04.131 土壤 pH soil pH
土壤溶液中氢离子浓度的负对数。

04.132 土壤酸度 soil acidity
土壤酸性的程度,以 pH 表示。

04.133 土壤碱度 soil alkalinity
由碳酸盐和重碳酸盐导致土壤碱性的程度。

04.134 土壤活性酸度 soil active acidity
由土壤溶液中氢离子浓度导致的土壤酸度。

04.135 土壤潜性酸度 soil potential acidity
土壤中交换性氢离子、铝离子、羟基铝离子被交换进入溶液后所引起的酸度,以 cmol/kg 表示。

04.136 土壤残留酸度 soil residual acidity
土壤中不能为非缓冲盐溶液中和的酸。

04.137 土壤残留碱度 soil residual alkalinity
土壤溶液中总碱度减去钙、镁离子总和的量。

04.138 土壤交换性酸度 soil exchangeable acidity
土壤中通过阳离子交换反应进入溶液的氢离子浓度。

04.139 土壤盐置换性酸 salt-replaceable acid of soil
土壤中可为中性盐置换进入溶液的氢、铝离子数量。

04.140 土壤水解性酸度 soil hydrolytic acidity
土壤中可为碱性缓冲盐解离的氢离子浓度。

04.141 土壤水浸液酸 water-extractable acid of soil
土壤在纯水中解离的氢离子数量。

04.142 土壤盐浸液酸 salt-extractable acid of soil
土壤在盐溶液中解离的氢离子数量。

04.143 土壤表面酸度 soil surface acidity
土粒表面附近的双电层中的氢离子浓度。

04.144 总酸度 total acidity
以强碱滴定的土壤酸度。

04.145 土壤酸化作用 acidification
土壤中氢离子增加的过程。

04.146 土壤碱化作用 alkalinization
土壤中碱性物质增加并使 pH 升高的过程。

04.147 土壤钠质化作用 sodication
土壤中交换性钠饱和度增加的过程。

04.148 酸性土[壤] acid soil
呈酸性反应、pH<6.5 的土壤。

04.149 中性土[壤] neutral soil
呈中性反应、pH6.5—7.5 的土壤。

04.150 碱性土[壤] alkaline soil
含有碳酸钠、碳酸氢钠、碳酸钙等碱性盐,呈碱性反应、pH>7.5 的土壤。

04.151　石灰性土　calcareous soil
含有较多游离碳酸钙和碳酸镁的土壤。pH 值一般为 7.5—8.5。

04.152　石灰需要量　lime requirement
使土壤达到要求的 pH 值或活性铝含量，而需要加入土壤的石灰类物质的数量。

04.153　土壤缓冲性　soil buffering
酸性或碱性物质加入土壤后，土壤具有缓和其酸碱反应变化的性能。

04.154　土壤缓冲容量　soil buffer capacity, buffer power
使土壤溶液的 pH 值改变一个单位所需要加入的酸量或碱量。

04.155　土壤缓冲物质　soil buffer compounds
能抑制土壤溶液 pH 值明显变化的物质。如各种弱酸、腐殖酸及其盐类、表面带电荷的胶粒及其吸附离子等。

04.156　铝聚合作用　aluminum polymerization
单体铝离子(Al^{3+}、$Al(OH)^{2+}$ 等)通过共用 OH 基而聚合成多核聚合铝离子($Al_6(OH)_{12}^{6+}$、$Al_{10}(OH)_{22}^{8+}$ 等)的过程。

04.157　铝毒　aluminum toxicity
强酸性土壤中过多铝离子对植物的毒害作用。

04.158　土壤氧化还原体系　soil redox system
土壤中可同时存在氧化态和还原态的某些物质系列。如土壤中的铁体系、锰体系，硫体系、氮体系、碳体系等。

04.159　土壤氧化还原电位　soil redox potential
土壤中的氧化态物质和还原态物质在氧化还原电极(常为铂电极)上达到平衡时的电极电位。是反映土壤氧化还原状况的重要指标。表示符号为"Eh"。

04.160　土壤氧化还原状况　soil redox status
根据土壤氧化还原电位(Eh)的高低、氧化还原物质的存在状态及其对植物生长的影响而划分的土壤状况级别。如氧化、弱度还原、中度还原、强度还原状况等。

04.161　氧化还原耦　redox couple
可以达到平衡的氧化和还原态物质。

04.162　动电电位　electrokinetic potential
又称"ζ 电位(ζ potential)"。胶体固相表面的液体固定层与液体非固定部分间界面上的电位。

04.163　临界电位　critical potential
溶胶开始聚沉时的动电电位。大于临界电位，溶胶呈稳定状态；等于或小于临界电位，溶胶发生聚沉。

04.164　液接电位　liquid junction potential
两种不同溶质的溶液界面上，或两种溶质相同而浓度不同的溶液界面上存在的微小电位差。

04.165　悬液效应　suspension effect
用电位法测定土壤 pH 值时，土壤悬液的 pH 值和与悬液平衡的清液(滤液或离心液)的 pH 值不相同的现象。

04.166　电荷零点　zero point charge, ZPC
胶体表面净电荷为零时溶液的 pH 值。电荷零点可因专性吸附等的影响而呈非固定值。

04.167　等电点　isoelectric point
恒电位表面正、负电荷的代数和为零时溶液的 pH 值。没有专性吸附，故等电点是固定值。

04.168 离子选择电极 ion selective electrode

能选择性地将溶液中某离子的活度转换成相应电位的一类薄膜电极。用以测定该离子的活度。

04.169 土壤化学固定 soil chemical fixation

土壤中某些元素由于产生化学沉淀而降低其活度。

04.170 化学反硝化作用 chemical denitrification

硝酸盐经纯化学作用而产生 N_2、N_2O、NO 等气态氮的过程。

04.171 钾固定 potassium fixation

土壤中水溶性钾和交换性钾离子进入 $2:1$ 型层状硅酸盐层间,因晶层脱水收缩而陷入氧离子围绕的孔穴中不易再移出的过程。

04.172 铵固定 ammonium fixation

土壤中水溶性铵和交换性铵离子进入黏土矿物晶层后,因晶层收缩而被压入氧离子围绕的孔穴中而不易移出的过程。

04.173 磷酸固定 phosphate fixation

磷酸与土壤中的铁、铝、钙、镁等阳离子结合产生化学沉淀的过程。

04.174 磷酸吸附 phosphate adsorption

磷酸离子在胶体表面富集的过程。

04.175 磷酸吸持 phosphate retention

磷酸离子在各种作用下保持在土壤中的过程。

04.176 化学位 chemical potential

又称"化学势"。偏摩尔自由能。它是物质传递的推动力。

04.177 养分位 nutrient potential

养分的偏摩尔自由能的函数,即用养分的化学位衡量养分对植物的有效度。

04.178 磷位 phosphate potential

磷酸盐化学位的简单函数。以土壤固、液相平衡液中磷酸一钙的浓度的负对数表示。数学式为:磷位 $= 0.5pCa + pH_2PO_2$,是土壤磷有效度的指标。

04.179 钾位 potassium potential

又称"钾钙位"。以土壤固、液相平衡液中钙、钾离子的活度比的负对数表示。数学式为:钾位 $= pK - 0.5pCa$,是土壤交换性钾有效度的指标。

04.180 石灰位 lime potential

氢氧化钙的化学位的简单函数。数学式为:石灰位 $= pH - 0.5pCa$,是钙有效度的指标。

04.181 吉布斯自由能 Gibbs free energy

表征物质体系在恒温恒压过程中最多可能作若干功的物理量。其变化值等于体系在恒温恒压可逆过程中所作的最大有用功。

04.182 热力学土壤体系 thermodynamic soil system

以热力学原理来划分和定义土壤体系的性质和类型。

04.183 离子交换动力学 dynamics of ion exchange

研究离子交换作用的速率、影响因素和控制方法,以揭示离子交换作用的机理。

04.184 化学风化动力学 dynamics of chemical weathering

研究岩石、土壤中化学风化作用的速率、影响因素和控制方法,以揭示化学风化作用的机理。

04.185 氧化还原动力学 dynamics of oxidation-reduction

研究氧化还原反应的速率、影响因素和控制方法,以揭示氧化还原反应的机理。

04.186 土壤含盐量 soil salt content
土壤中可溶盐的总量。以每千克干土中含有可溶盐的克数表示。

04.187 土壤盐渍度 soil salinity
土壤盐渍化的程度。一般以每千克干土中含可溶盐的总量表示。

04.188 土壤可溶盐 soil soluble salt
土壤中易溶于水的盐类。如氯化物、硝酸盐、硫酸盐和重碳酸盐等。

04.189 土壤测定 soil test
利用化学、物理或生物的方法,分析和测定影响植物生长和人类环境的土壤有关性状。

04.190 土壤溶液 soil solution
土壤的液相部分,含有各种无机、有机可溶性物质和悬浮胶粒。

04.191 土壤浸提剂 soil extractant
通过溶解、分离或交换,提取土壤中某些成分而使用的溶剂。

04.192 土壤浸出液 soil extract
对土壤进行过滤、离心、抽吸或压榨而分离,提取出的溶液。

04.193 土壤饱和浸出液 soil saturation extract
在土壤饱和含水量的情况下,从土壤中分离和提取的溶液。

05. 土壤生物学、土壤生物化学

05.001 土壤微生物 soil microorganism
生活在土壤中的微生物。一般包括细菌、放线菌、真菌、藻类、原生动物、病毒及类病毒。

05.002 土壤微生物生物量 soil microbial biomass
土壤中生活的全部微生物总量。

05.003 土壤生物量 soil biomass
土壤中生活的全部有机体(包括动物、植物、微生物)的总量。

05.004 土壤微生物区系 soil microflora
特定土壤生态系统中生活的微生物种类和数量。

05.005 土壤动物学 soil zoology
研究土壤中动物的种类、分布、活动、功能及其与土壤和环境间的相互关系,以及与植物生长关系的学科。

05.006 土壤动物区系 soil fauna
特定土壤生态系统中的动物种类和数量。

05.007 土壤微动物区系 soil microfauna
土壤中的微小动物,包括原生动物、线虫和节肢动物等的种类和数量。

05.008 寄生现象 parasitism
一种生物与另一种生物直接接触,从中获得营养赖以生存的现象。

05.009 共生现象 symbiotism
两种不同生物紧密相联地生活在一起并相互受益的稳定状况。

05.010 共生关系 symbiosis
两种不同生物紧密相联地生活在一起成为互惠互利的关系。

05.011 共生生物 symbiont
紧密相联地生活在一起形成相互依赖关系的生物。

05.012 偏利共栖现象 commensalism
生活在同一生境的两种生物其中仅一种受益的现象。

05.013 偏害共栖现象 amensalism
生活在同一生境的两种生物,其中一种产生毒素或其他因素抑制另一种生物的现象。

05.014 互利共栖现象 mutualism
生活在同一生境的两种生物相互从对方受益的现象。

05.015 [生物]拮抗现象 antagonism
一种生物产生抗性物质能杀害或抑制另一种或多种生物生长的现象。

05.016 捕食现象 predation
一种生物直接攻击另一种生物并捕以为食的现象。

05.017 互接种族 cross inoculation group
能与同一种根瘤菌结瘤而共生的多种豆科植物。

05.018 土著性细菌 autochthonous bacteria
土壤中固有生活的细菌类群,能利用难分解有机物质生长和存活。

05.019 发酵性细菌 zymogenic bacteria
新鲜有机物质加入土壤后大量繁殖的细菌,一般为土壤微生物群落中的暂时成员。

05.020 土传植物病菌 soil-borne plant pathogen
兼性寄生的植物病原菌,经土壤而传播致病。

05.021 根圈 rhizosphere
又称"根际"。生长中的植物根系直接影响的土壤范围,包括根表面。一般为距根系表面几毫米的土壤区域,为植物根系有效吸收养分的场所。

05.022 根圈微生物 rhizosphere microorganism
生活在植物根圈中的微生物,同根圈外相比其群落表现一定的特异性。

05.023 有害根圈微生物 deterious rhizosphere microorganism, DRMO
抑制植物生长的根圈微生物,包括土传植物病菌等。

05.024 内生菌 endophyte
生活在植物组织内细胞间隙的微生物。

05.025 附生菌 epiphyte
存在于植物地上部分表面的微生物。

05.026 根圈效应 rhizosphere effect
植物根系生命活动对微生物数量、种类和活性所产生的影响。

05.027 根土比 R/S ratio
根圈中微生物数量同相应无根系影响的土壤中微生物数量之比。

05.028 根区 root zone
植物根系伸展所及的土壤范围。

05.029 根面 rhizoplane
植物根的表面,常包括黏附紧密的土粒。

05.030 根瘤菌根瘤 rhizobial nodule
由根瘤菌侵染植物根部形成瘤状突起的固氮共生结构。

05.031 根瘤菌剂 rhizobium inoculant
含有定量根瘤菌活细胞能使豆科植物形成固氮根瘤的制剂。

05.032 放线菌根瘤 actinorhizal nodule
由弗兰克氏放线菌侵染非豆科植物根部形成的固氮共生结构。

05.033 茎瘤 stem nodule
由根瘤菌或弗兰克氏放线菌侵染植物,在茎杆上形成的固氮共生结构。

05.034 菌根 mycorrhiza
由真菌侵染高等植物根部而形成的共生体系,分为外生菌根和内生菌根两类。

05.035 外生菌根 ectomycorrhiza
真菌菌丝伸入根皮层细胞间形成菌丝网(称为哈氏网),同时在根表蔓延形成菌丝套,替代根毛的作用,吸收养料和水分。

05.036 内生菌根 endomycorrhiza
真菌菌丝进入植物根皮层细胞内,只有少数菌丝伸展到根外面。

05.037 丛枝菌根 arbuscular mycorrhiza
曾称"VA 菌根"。内生菌根的一种。真菌菌丝在植物根皮层组织内作丛枝状分布的内生菌根。

05.038 类菌体 bacteroid
杆状的根瘤菌在形成的根瘤中停止繁殖发育为具有固氮功能的新形态,常呈不规则状。

05.039 侵入线 infection thread
根瘤菌和弗兰克氏放线菌侵染植物过程中由植物表皮细胞壁向内增长而形成的包裹菌体的线状鞘套。

05.040 结瘤 nodulation
根瘤的发生和形成过程。

05.041 竞争结瘤 competitive nodulation
两个或多个不同菌株在结瘤过程中对寄主植物根部受侵染位点的争夺和占据。

05.042 豆血红蛋白 leghaemoglobin
豆科植物固氮根瘤细胞中含血红素的复合蛋白,有调节根瘤内自由氧浓度的作用。

05.043 固氮酶 nitrogenase
生物固氮作用中将氮气还原为氨的酶复合体。

05.044 固氮基因 nitrogen fixation genes
编码固氮酶的基因簇,其中 nifKDH 为结构基因。

05.045 固氮作用 nitrogen fixation
将分子态氮转化为氨的过程。

05.046 生物固氮作用 biological nitrogen fixation
分子态氮在固氮生物体内由固氮酶催化形成氨的生物化学过程。

05.047 固氮酶活性 nitrogenase activity
固氮酶的作用能力及其强弱。

05.048 联合固氮作用 associative nitrogen fixation
自生固氮微生物在高等植物影响下促进的固氮作用。

05.049 共生固氮作用 symbiotic nitrogen fixation
固氮微生物侵染植物形成共生结构后进行的固氮作用。

05.050 非共生固氮作用 non-symbiotic nitrogen fixation
又称"自生固氮作用"。固氮微生物自由生活时进行的固氮作用。

05.051 硝化作用 nitrification
氨态氮被微生物氧化成亚硝酸,并进一步氧化成硝酸的过程。

05.052 亚硝化作用 nitrosification

细菌氧化氨为亚硝酸的过程。

05.053 反硝化作用 denitrification
细菌在无氧或微氧条件下以 NO_3^- 或 NO_2^- 作为呼吸作用的最终电子受体生成 N_2O 和 N_2 的硝酸盐还原过程。

05.054 硝化抑制剂 nitrification inhibitor
能降低或减缓硝化过程以防止因反硝化作用而失氮的化学制剂。

05.055 植物凝集素 lectin
与多糖具高度亲和性的一种植物糖蛋白，可促进带多糖的细菌与植物根结合。

05.056 硫化作用 sulfurication
还原型的无机硫化物被硫化细菌氧化成硫酸的过程。

05.057 反硫化作用 desulfurication
细菌在无氧条件下以 SO_4^{2-} 作为呼吸作用的最终电子受体产生 S 或 H_2S 的硫酸盐还原过程。

05.058 氨化作用 ammonification
分解含氮有机物产生氨的生物学过程。

05.059 纤维素分解作用 cellulose decomposition
微生物分解纤维素生成 CO_2 和 H_2O 或 H_2 与醇和有机酸的过程。

05.060 矿化作用 mineralization
微生物分解有机物质，释放 CO_2 和无机物的过程。

05.061 生物固持作用 biological immobilization
生物吸收矿质营养元素转化为有机物质将各元素保存于其细胞和组织中。

05.062 毒性有机物的去毒作用 detoxication of toxic organic compound
含毒的有机物脱去毒性基团转变为无毒物质的过程。

05.063 有机物的毒化 toxication of organic compound
将无毒有机物转化为有毒物质的过程。

05.064 共代谢 co-metabolism
微生物转化某一物质时，另一种物质也被降解，但此物质并不参与其正常代谢过程，微生物并不从中获得能源和营养物。

05.065 土壤环流术 soil perfusion technique
能使水分或营养液在土柱中不断循环流过以达到生物和生物化学作用不断进行的装置和技术。

05.066 根瘤菌 rhizobia
能与豆科植物共生形成根瘤，并将空气中的氮还原成氨供植物营养的一类革兰氏阴性菌。

05.067 自生固氮菌 free-living nitrogen fixing bacteria
独立生活时能将空气中氮气还原成氨的各属、种细菌的总称。

05.068 甲烷细菌 methane bacteria
能以 CO_2 作电子受体，在厌氧条件下氧化分子氢而生成甲烷的细菌。

05.069 铁细菌 iron bacteria
能氧化亚铁(Fe^{2+})为高铁(Fe^{3+})，从中获得能量的不同属、种细菌。

05.070 硫细菌 sulfur bacteria
能将还原型的硫化物氧化成硫酸的不同属、种细菌。

05.071 硝化细菌 nitrifying bacteria
将氨氧化为亚硝酸和进一步氧化为硝酸的两个阶段的两类作用菌。

05.072 反硝化细菌 denitrifying bacteria
以 NO_3^- 或 NO_2^- 代替 O_2^- 作为最终电子受体,在厌氧条件下进行呼吸代谢产生 N_2O 和 N_2 的细菌。

05.073 纤维分解菌 cellulose-decomposing bacteria
在不同生态条件下分解纤维素的微生物。

05.074 黏细菌 myxobacteria
生活在土壤和粪便中以细菌、酵母和真菌为食的滑行细菌。

05.075 生物降解 biodegradation
复杂的有机物质被生物降解成为低分子量产物的过程。

05.076 土壤生物活性 soil biological activity
土壤中各种生物生活强度的总和。

05.077 好气分解 aerobic decomposition
有机物质在有氧环境中被好气性微生物所分解的现象。

05.078 嫌气分解 anaerobic decomposition
有机物质在无氧条件下由嫌气性生物进行降解的现象。

05.079 熏蒸法 fumigation
在封闭的空间用气态的或可蒸发的杀虫剂或杀菌剂杀灭微生物和昆虫的方法。

05.080 熏蒸剂 fumigant
可以杀灭害虫或病菌的气态的或可蒸发的化学制剂。

05.081 生物可降解性 biodegradability
可被生物过程所分解的物质性状。

05.082 土地生物处理 land biological treatment
将污水或污物流经或堆埋于土中依靠土壤微生物分解其中有机质及有毒物质达到减轻或去除污染的办法。

05.083 土壤消毒 soil disinfection
用化学制剂或通蒸汽处理土壤达到杀死其中病原菌及有害昆虫或破环其中含有的毒性物质的措施。

05.084 土壤源温室气体 soil-borne greenhouse gases
土壤中发生的能产生温室效应的 CO_2 和 CH_4 等气体。

05.085 放线菌根瘤共生 actinorhizal symbiosis
弗兰克氏放线菌与非豆科植物形成根瘤或茎瘤并能固定分子态氮气供植物利用的互利关系。

05.086 细菌 bacteria
单细胞不含叶绿素和细胞壁无纤维素成分的原核微生物。

05.087 噬菌体 bacteriophage
寄生在细菌体的病毒。

05.088 微生物根部定植 colonization of root by microorganism
又称"根圈定值(rhizosphere colonization)"。外源微生物进入根圈成为稳定的成员。

05.089 蓝细菌 cyanobacteria
又称"蓝藻"。含叶绿素 a 和藻胆素的产氧光合原核生物。

05.090 真菌 fungus
单细胞或多细胞异养真核微生物,无光合色素,细胞壁含几丁质和纤维素。

05.091 杀真菌剂 fungicide
能够杀死真菌的化学物质。

05.092 遗传工程微生物 genetically engineered microorganism, GEM

又称"遗传改良微生物(GMMO)"。用遗传学手段改造了的微生物。

05.093 接种物 inoculum

接种于培养基或其他基质的活微生物细胞。

05.094 接种密度 inoculum density

单位质量或体积基质中接种物的数量。

05.095 生物发光技术 bioluminescence technique

用发光酶基因标记微生物的检测手段。

05.096 微生物群落 microbial community

特定生境中各种相互影响的微生物的总和。

05.097 菌根圈 mycorrhizosphere

菌根直接影响的土壤部位。

05.098 根瘤素 nodulin

共生关系形成根瘤中由豆科植物基因编码合成的根瘤多肽。

05.099 结瘤基因 nodulation gene

决定根瘤菌感染豆科植物形成根瘤的遗传物质基因。包括共同结瘤基因和寄主专性基因。

05.100 结瘤因子 nod factor

由结瘤基因编码的酶所合成的信号物质,化学成分为寡聚 β-1,4-氨基葡萄糖脂。

05.101 贫营养性 oligotrophy

(1)生境营养物质贫乏。(2)生物在贫营养生境中正常生活的能力。

05.102 贫营养微生物 oligotrophic microorganisms

适合于在贫营养生境中生活的微生物。

05.103 质粒 plasmid

染色体外的遗传物质,能编码控制某些表型性状。

05.104 共生质粒 symplasmid

根瘤菌携带结瘤和固氮基因的非染色体遗传物质。

05.105 原生动物 protozoa

无细胞壁不具备光合色素的异养真核微小动物。

05.106 植物圈 phytosphere

植物生长、分布及影响到的地表和水域的范围。

05.107 植物促长根圈细菌 plant growth-promoting rhizobacteria, PGPR

通过改善植物根部营养、分泌促生物质或抑制病原菌的有益根圈微生物。

05.108 趋化性 chemotaxis

由化学药品浓度梯度刺激引起的一种特殊型的趋向性。

05.109 根瘤菌毒素 rhizobiotoxin

个别根瘤菌种类和菌株产生的有害于其他生物细胞的物质。

05.110 土壤-根界面 soil-root interface

土壤和根系交界的部位。

05.111 铁载体 siderophore

某些微生物分泌的与铁高度亲和的低分子有机物。

05.112 孢子 spore

真核微生物在生活周期产生的异化细胞。

05.113 微生物营养群 trophic groups of microorganisms

根据对能源和碳源的不同要求划分的微生物类群。

05.114 非生物物质 xenobiotic substances

人工合成难被生物降解的有机物质。

05.115 氮素有效性比率 nitrogen availability ratio

可被植物吸收利用的氮与土壤总氮之比，一般以植物总氮/土壤总氮来表示。

05.116 乙炔还原检测 acetylene reduction assay

测定乙炔还原成乙烯的量，以间接检测细菌固氮酶活性强度。

05.117 微生物积累 microbial accumulation

进入食物链的化学物质储积在微生物细胞中的现象。

05.118 微生物除草剂 microbial herbicide

用于杀死杂草的微生物制剂。

05.119 微生物杀虫剂 microbial pesticide

用于杀死害虫的微生物制剂。

05.120 微生物接种剂 microbial inoculant

将有益于作物生长或抗病的微生物经培养扩大数量后接种在作物种子或根、茎、叶表面以期在其根部增殖并起作用的制剂。

05.121 生物转化 bioconversion

通过生物活动使物质从一种状态转化为另一种状态。

05.122 生物治疗 bioremediation

利用生物去除土壤和水域中的污染物和有毒物质。

05.123 生物变质 biodeterioration

生物活动导致的新鲜物质和生物体的腐败作用。

05.124 纤维素分解活性 cellulolytic activity

微生物分解纤维素的活动强度。

05.125 群落 community

生态系统中的最高生物学单位。包括生物类群及相互作用。

05.126 岩内微生物群落 endolithic microbial community

生存在岩石内部的微生物类群。

05.127 内共生体 endosymbiont

生活在另一生物体内部并与之营共生生活的有机体。

05.128 低营养流生境 less nutrient flux habitat

微生物生活的营养贫乏的地方。

05.129 生境 habitat

生态系统中生物生活的场所。

05.130 微生境 microhabitat

微生物生活的微小环境。如团粒内部。

05.131 生态位 ecological niche

生物的生境及其作用。

05.132 光合微生物 photosynthetic microorganism

以光为唯一的或主要能源而生活的微生物。

05.133 先锋群落 pioneer community

最先生活并聚居在某一生态环境中的生物类群。

05.134 互养作用 syntrophism

一种生物依靠另一种生物提供某种代谢因子或营养物而生长或促进其生长的现象。

05.135 外源污染物 xenobiotic pollutants

非生物本身合成的不易被分解的污染生境的物质。

05.136 氨氧化细菌 ammonia-oxidizing bacteria

又称"亚硝酸细菌"。将氨氧化为亚硝酸的细菌。

05.137 腐解作用 decay

微生物对新鲜有机物的破坏和分解。

05.138 细菌生理群 physiological group of bacteria

按生理功能划分的细菌类群。

05.139 土壤局部灭菌 partial sterilization of soil

采用化学药物或加热处理土壤,以达到杀灭部分有害微生物群落的措施。

05.140 食虫真菌 predacious fungi

侵染昆虫等动物并以此为营养的真菌。

05.141 土壤富集法 soil enrichment method

往土壤中加入适合某种微生物生长的特殊营养物质使菌数增殖的方法。

05.142 嗜热微生物 thermophilic microorganism

最适生长温度高于45℃的微生物。

05.143 土壤有机质 soil organic matter

土壤中形成的和外部加入的所有动、植物残体不同分解阶段的各种产物和合成产物的总称。

05.144 土壤有机质平衡 soil organic matter balance

在农作制长期稳定不变的后期,土壤有机质的年积累量和年分解量相当,有机质含量保持的动平衡状态。

05.145 土壤原有机质 native soil organic matter

除外部投入土壤的有机物料外,原在土壤

中有机质的总称。

05.146 土壤有机质分解率 decomposition rate of soil organic matter

单位时间内土壤有机质或有机物料在土壤中的矿化分解碳量与起始原有碳量之比。

05.147 土壤有机质平均停留时间 mean residence time of soil organic matter

土壤有机质各组分年龄的加权平均值。是土壤有机质生物学稳定性的相对指标。

05.148 土壤有机质半减期 half-life of soil organic matter

土壤有机质或有机物料在土壤中分解降低到一半量所需的时间。

05.149 激发效应 priming effect

投入新鲜有机质或含氮物质而使土壤中原有机质的分解速率改变的现象。使分解速率增加的称正激发效应;降低的称负激发效应。

05.150 土壤腐殖质 soil humus

除未分解的动、植物组织和土壤生命体等以外的土壤中有机化合物的总称。

05.151 腐殖物质 humic substances

土壤和沉积物等中,除有机体中已知的各类有机化合物(非腐殖物质)以外的各种淡棕色至暗褐色的天然高分子化合物的总称。它由胡敏酸、富啡酸和胡敏素等三类物质组成。

05.152 轻组腐殖物质 humic substance in light fraction

土粒密度小于1.8—2g/cm³ 组分中的土壤有机质。主要包括游离的腐殖酸和植物残体及其腐解产物等。

05.153 重组腐殖物质 humic substance in heavy fraction

土粒密度大于 1.8—2g/cm³ 组分中的土壤有机质。主要为与黏土矿物牢固复合的腐殖物质。

05.154 腐殖化作用 humification
动物、植物、微生物残体在微生物作用下，通过生化和化学作用而形成腐殖质的过程。

05.155 腐殖酸 humic acids
土壤和沉积物等物质中溶于稀碱、呈暗褐色、无定形和酸性的非均质天然有机高分子化合物。由在酸性溶液中沉淀的胡敏酸和仍为溶液的富啡酸两类物质组成。

05.156 胡敏酸 humic acid
土壤中溶于稀碱而不溶于稀酸的棕褐色的天然有机高分子化合物。

05.157 A 型胡敏酸 A type humic acid
土壤胡敏酸经除去在 pH4 醋酸钠缓冲液不溶解的腐解物质后,在其溶液中加硫酸镁而沉淀出的组分。

05.158 B 型胡敏酸 B type humic acid
在分离腐殖物质和 A 型胡敏酸后的溶液中,再经酸化后沉淀出的土壤胡敏酸组分。

05.159 绿色胡敏酸 green humic acid
某些土壤胡敏酸经纸谱或凝胶过滤分离出呈绿色(萤光)的蒽醌类化合物。主要是植物残体和菌核的腐解产物 4、9 – 二羟基芘 – 3、10 – 醌(DHPQ)及其衍生物。

05.160 灰色胡敏酸 grey humic acid
土壤胡敏酸溶液中经一价中性盐沉淀出的组分。分离出灰色胡敏酸后,再经酸化而沉淀出的组分为棕色胡敏酸。

05.161 富啡酸 fulvic acid
土壤中溶于稀碱也溶于稀酸的黄棕色天然有机高分子化合物。

05.162 胡敏素 humin
土壤和海洋沉积物中不溶于有机溶剂、稀酸和稀碱液的有机高分子化合物。

05.163 活性腐殖质 active humus
用稀碱液从土壤中提取出的腐殖物质。主要包括游离的和与活性铁、铝结合的腐殖物质。

05.164 腐殖物质组分 fraction of humic substances
按不同方法(物理的和化学的),将腐殖物质区分成不同部分。

05.165 腐殖物质发色基团 chromophoric group of humic substances
腐殖物质结构中能产生电子吸收的不饱和共价基团,使部分未被吸收的可见光的反射而显色的原子团。如共轭双键(C＝C),酮基(C＝O)等。

05.166 胡敏酸 A4/A6 比值 A4/A6 ratio of humic acid
曾称"腐殖物质 E4/E6 比值"。腐殖物质在波长 465nm 与 665nm (或 400nm 和 600nm)处吸光值(A)之比,是腐殖化程度的一种指标。

05.167 胡敏酸 – 富啡酸比值 HA/FA ratio
土壤腐殖质组成中胡敏酸(碳)量和富啡酸(碳)量之比值。常以表征土壤腐殖质组成和性质。

05.168 腐殖物质生理效应 physiological effect of humic substance
腐殖物质对植物、微生物生长代谢所起的作用。如它在一定浓度范围内对植物生长有刺激作用,但在高浓度时也会抑制植物的代谢作用等。

05.169 腐殖化系数 humification coeffi-

cient

有机物料中单位质量的碳在土壤中分解一年后残留的碳量。

05.170 腐殖化程度 degree of humification

动物、植物和微生物残体经微生物分解、合成作用转化成为腐殖质过程的进展深度。

05.171 金属－腐殖物质络合物 metal-humic substances complexes

腐殖物质分子的电子给体(官能团的离子和电荷)与金属离子(电子受体)通过离子键、共价键或配位键结合的化合物。

05.172 动植物残体 plant and animal residues

未分解的死亡动、植物组织及其部分分解产物。

05.173 土壤多糖 soil polysaccharide

土壤中由 10 个以上单糖及其衍生物通过糖苷缩聚而形成的化合物。

05.174 土壤有机碳－有机氮比值 organic carbo-nitrogen ratio in soil

土壤有机碳量与土壤全氮量扣除 $NO_3 - N$、$NH_3 - N$、固定态铵等无机氮素量后的比值。

05.175 干土效应 effect of soil drying

土壤经干燥后,在加水湿润的最初 1—2 周内,二氧化碳和氨态氮释放量增多的现象。

05.176 冻土效应 effect of soil freezing

土壤冰冻后,在其解冻后的最初 1—2 周内,二氧化碳和氨态氮释放量增多的现象。

05.177 碳循环 carbon cycle

碳在大气、陆地生命体和土壤有机质等几个分室中的迁移和转化过程。

05.178 氮循环 nitrogen cycle

氮在大气、陆地生命体和土壤等几个分室中的迁移和转化过程。

05.179 磷循环 phosphorus cycle

磷在陆地生命体和土壤等几个分室中的迁移和转化过程。

05.180 硫循环 sulfur cycle

硫在大气、陆地生命体和土壤等几个分室中的迁移和转化过程。

05.181 有机氮库 organic nitrogen pool

土壤中储存氮的微生物细胞及腐殖质。

05.182 土壤酶学 soil enzymology

研究土壤酶的来源、种类、存在部位、参与物质转化的生化过程及其动力学、以及影响土壤酶活性因素的学科。

05.183 土壤酶 soil enzyme

存在于土壤中的、能催化土壤生化反应的一类蛋白质。

05.184 土壤酶活性 soil enzyme activity

土壤酶催化物质转化的能力。常以单位时间内单位土壤的催化反应产物量或底物剩余量表示。

05.185 土壤酶促反应 soil enzymatic reaction

在土壤酶的作用下进行的物质转化过程。主要有氧化还原、水解、基团(除氢外)转化以及键裂解等反应。

05.186 土壤酶抑制剂 soil enzyme inhibitor

能减低土壤酶活性的天然或人工化学物质。

05.187 土壤非活体酶 soil abiotic enzyme

土壤储积酶和胞外酶的总称。

05.188 土壤原酶 native soil enzyme

原存在于土壤中、非来自外源的酶类。

05.189 土壤储积酶 accumulated soil enzyme

包括与土壤微生物的细胞组分结合且主要存在于非增殖的活细胞中及不与土壤微生物、土壤动物和植物根的细胞组分结合而主要存在于土壤固相的酶类。

05.190 土壤脲酶 soil urease

作用于线型酰胺的 C—N 键(非肽)的水解酶,能酶促土中尿素水解成氨。

05.191 土壤酶保护容量 enzyme protection capacity of soil

土壤保护原酶和外源酶免遭破坏或失活的最大能力。

05.192 胞外酶 extracellular enzyme

游离于土壤生物生活细胞和死亡细胞之外的酶。

05.193 胞内酶 endocellular enzyme, endoenzyme

存在于土壤生物生活细胞和死亡细胞之中的酶。

05.194 土壤酶激活 activation of soil enzyme

添加某种物质,使土壤酶活性得以恢复或增强的手段或过程。

05.195 土壤酶稳定性 stability of soil enzyme

土壤酶抗蛋白酶分解及抗各种钝化和抑制因子的能力。

05.196 适性酶 adaptative enzyme

在一定的土壤环境中得以保持其活性的酶。

05.197 需氧酶 aerobic enzyme

在有氧条件下才具活性的酶。

05.198 需氧外酶 aerobic exoenzyme

在有氧条件下才具活性的外酶。

05.199 生化强度 biochemical capacity

土壤生物的生命活动强度,常以土壤呼吸作用强度表示。

05.200 水解酶类 hydrolase

酶促底物水解的酶类。

05.201 氧化还原酶类 oxidoreductase

酶促底物氧化还原作用的酶类。

05.202 裂解酶类 lyase

酶促底物基团的非水解性移去的酶类。

05.203 转移酶类 transferase

酶促底物的原子或基团转移的酶类。

05.204 土壤蔗糖酶 soil saccharase

作用物 β－D－呋喃果糖苷中未还原的 β－D－呋喃果糖苷末端残基的水解酶,能酶促土中蔗糖水解成葡萄糖和果糖。

06. 农业化学

06.001 植物营养[学] plant nutrition

研究植物生长和代谢过程中,与土壤等环境间存在着的物质、能量交换以及植物体内的物质运输和能量转化等的学科。包括介质养分供应,植物对养分的吸收、运输和同化等的研究。

06.002 植物矿质营养 mineral nutrition of plant

植物为维持生长和代谢的需要而吸收利用无机营养元素的过程。

06.003 植物有机营养 organic nutrition of

plant

植物直接吸收利用氨基酸、葡萄糖、核苷酸和核酸等有机养分的过程。

06.004　有机营养学说　theory of organic nutrition

植物可以吸收利用有机养分的论点。

06.005　最低因子律　law of the minimum

又称"最小养分律"。植物产量受土壤中某一相对含量最小的有效生长因子制约的规律。

06.006　矿质营养学说　theory of mineral nutrition

阐明绿色植物所需养料依赖于土壤中矿物质的理论。

06.007　米采利希定律　Mitscherlich's law

简称"米氏定律"。说明作物产量与养分供应量之间数量关系的理论。常用指数方程表示：$Y = A(1 - e^{-cx})$，式中 Y 是施肥量为 X 时的产量，A 是最高产量，e 是自然对数的底，c 为效应系数。

06.008　报酬递减律　law of diminishing returns

在其他生产条件相对稳定的前提下，随施肥量的增加而单位肥料的作物增产量却呈递减的趋势。

06.009　归还学说　theory of returns

为恢复地力和提高作物单产，通过施肥把作物从土壤中摄取并随收获物而移走的那些养分应归还给土壤的论点。

06.010　根圈营养　rhizosphere nutrition

又称"根际营养"。距根表面几毫米的根微区内的土壤营养状况。

06.011　根氧化力　oxidizing force of root

水稻根系具有特殊的乙醇酸氧化途径，能向根外分泌氧使根系周围形成氧化圈的能

力。

06.012　根系分泌物　root exudate

植物生长过程中通过根系释放到介质中的有机物质以及无机离子 H^+、K^+ 等物质。

06.013　根系阳离子交换量　cation exchange capacity of root

根组织吸附交换性阳离子的数量。

06.014　根外营养　exoroot nutrition

植物通过地上部分器官吸收养分和进行代谢的过程。

06.015　阶段营养期　different nutritional stage

植物不同生育阶段从环境中吸收营养元素的种类、数量和比例等都有不同要求的时期。

06.016　营养临界期　critical period of nutrition

植物对养分供应不足或过多显示非常敏感的时期。

06.017　肥料最大效率期　maximum efficiency stage of fertilization

施肥能获得植物生产最大效益的时期。

06.018　选择吸收　selective absorption

根据植物生理特性需要从环境中吸收养分的数量和比例与环境中养分状况存在差异的现象。

06.019　交换吸收　exchange absorption

根系代谢作用释放出的 H^+ 和 HCO_3^- 分别与根圈土壤溶液中的阳离子或阴离子进行交换，进入根内的过程。

06.020　主动吸收[养分]　active uptake [nutrient]

养分离子逆电化学势梯度进入植物细胞内的现象。它需要消耗生物代谢能量。

06.021　被动吸收[养分] passive uptake [nutrient]

养分离子移入植物根内是沿电化学势梯度扩散和道南平衡的结果。它不需直接供应生物代谢能量。

06.022　奢侈吸收 luxury absorption

植物吸收的某一养分量超过它们生长的需要而使植物组织内该元素含量较高,但植物生长或产量并不相应增减的现象。

06.023　接触交换 contact exchange

植物根与土粒密切接触时,两者间进行阳离子或阴离子交换的现象。养分通过交换作用进入根内的称为"接触吸收(contact absorption)";根表养分离子与土粒吸附的 H^+ 进行交换而排出的称为"接触排出 (contact desorption)"。

06.024　吸附学说 theory of adsorption

阴、阳离子吸收首先依赖于根细胞表面对矿质元素的交换吸附的学说。

06.025　载体学说 carrier theory

离子与细胞膜上的载体结合,形成不稳定的离子 - 载体复合体,然后向膜内侧转移,并将离子释放到细胞质内的学说。

06.026　阴离子吸收学说 theory of anion absorption

阐明阴离子吸收是逆电荷进行,需要消耗能量,并与呼吸作用有密切关系的学说。

06.027　自由空间 free space

由细胞间隙、细胞壁微孔和细胞壁与原生质膜之间的空隙组成,它允许外部溶液通过扩散可自由进入。

06.028　道南平衡 Donnan equilibrium

植物细胞与外界介质间有半透性质膜分隔,因细胞原生质内含有许多不能向膜外扩散的可离解的大分子,在此体系内可使外界溶液中的离子向细胞内积累,造成膜内外离子浓度不等,但阴阳离子浓度乘积相等的平衡现象。

06.029　能斯特方程 Nernst equation

表示膜两侧的电位势和化学势之间的关系的方程,其计算值与实测值比较可判别植物摄取某种养分是主动吸收或被动吸收。

06.030　离子泵 ion pump

由 ATP 酶驱动使膜内 ATP 水解并产生阴离子 ADP^- 和阳离子 H^+。H^+ 释放到膜外,ADP^- 留在膜内,因而产生跨膜的质子梯度和电位差而引起对其他离子的吸收。

06.031　腺苷三磷酸酶 ATPase

简称"ATP 酶"。存在于细胞质膜和液泡膜中能分解腺苷三磷酸并释放能量的酶。

06.032　离子载体 ionophor

类似细菌和真菌所产生的抗菌素物质,能增加生物膜对离子的选择透性。

06.033　胞饮作用 pinocytosis

吸附在质膜上含大分子物质的液体微滴或微粒,通过质膜内陷形成小囊泡,逐渐向细胞内移动的主动转运过程。

06.034　稀释效应 dilution effect

又称"生长稀释效应"。由于植物生长量的增加,使干物质中某元素浓度被稀释而下降的现象。

06.035　养分交互作用 nutrient interaction

土壤和植物组织中不同养分离子间的相互促进或抑制的作用。

06.036　离子拮抗作用 ion antagonism

介质中某种离子的存在能抑制植物对另一种离子吸收或运转的作用。

06.037　离子协合作用 ion synergism

介质中某种离子的存在能促进植物对另一

种离子吸收或运转的作用。

06.038　竞争性抑制　competitive inhibition
性质相似的离子间的拮抗作用。如 K^+ 与 Rb^+。

06.039　非竞争性抑制　noncompetitive inhibition
性质不相似的离子间的拮抗作用。如 K^+ 与 Mg^{2+}。

06.040　维茨效应　Viet's effect
维茨于 1944 年发现。介质溶液中的 Ca^{2+} 和其他二价、三价阳离子对促进 K^+、Rb^+、以及 Br^- 的吸收具有特殊作用。

06.041　根系截获　root interception
植物根在土壤中伸长并与其紧密接触,使根释放出的 H^+ 和 HCO_3^- 与土壤胶体上的阴离子和阳离子直接交换而被根系吸收的过程。

06.042　质流[养分]　mass flow [nutrition]
因植物蒸腾、根系吸水而引起水流中所携带的溶质由土壤向根部流动的过程。

06.043　扩散[养分]　diffusion [nutrition]
由于根系吸收养分而使根圈附近和离根较远处的离子浓度存在浓度梯度而引起土壤中养分的移动。

06.044　植物体内养分运输　nutrients transport in plant
养分在植物体内从一个部位转移到其他部位的过程。

06.045　质外体运输　apoplast transport
养分通过根部质外体向根中柱方向运移的过程。

06.046　共质体运输　symplast transport
养分通过胞间连丝沿共质体途径运入根中柱的过程。

06.047　短距离运输　short distance transport
又称"横向运输"。养分由表皮、皮层运至根中柱方向的截面运输过程。

06.048　长距离运输　long distance transport
又称"垂直运输"。物质通过植物周身的维管系统在根部与地上部之间进行运移的过程。

06.049　木质部运输　xylem transport
养分及其同化物从根通过木质部导管或管胞运移到地上部的过程。

06.050　韧皮部运输　phloem transport
叶片中形成的同化物以及再利用的矿质养分通过韧皮部筛管运移到植物体其他部位的过程。

06.051　源－汇关系　source-sink relationship
源为光合产物合成的器官或部位。汇为光合产物消耗或储藏的器官或部位。源－汇间同化物的运输和分配与作物产量有密切关系。

06.052　植物激素　phytohormone
在植物体内合成的具有很强活性的微量有机物质。能专一性地影响植物生理过程,并对其生长、发育、产生调节作用。

06.053　生长抑制剂　growth inhibitor
人工合成的能抑制植物生长发育的化学物质。

06.054　大量元素养分　macronutrient
为植物生长所必需,但需要量相对较多,一般占干物重百分之几到百分之几十的元素。如碳、氢、氧、氮、磷、钾等。

06.055　中量元素养分　middle element nutrient

为植物生长所必需,需要量中等,一般占干重的 0.2%—1.0% 的营养元素。如钙、镁、硫等。

06.056 微量元素养分 micronutrient
为植物生长所需,但需要量很少的营养元素,通常含量小于 100mg/kg。如硼、锌、铁、锰、铜、钼和氯等。

06.057 必需元素 essential element
植物为完成其生命周期所需的营养元素。目前公认的必需元素有碳、氢、氧、氮、磷、钾、钙、镁、硫、铁、锰、锌、硼、铜、钼和氯等。

06.058 有益元素 beneficial element
为某些植物正常生长发育所必需,或对某些植物生长有促进作用的元素。如硅、钴、钠、硒等。

06.059 大量元素 macroelement
又称"常量元素"。植物需要量或含量较大的元素。包括碳、氢、氧、氮、磷、钾、钙、镁、硫和硅等。

06.060 微量元素 microelement, trace element
植物需要量或含量甚微的元素。包括铁、锰、硼、锌、铜、钼和氯等。

06.061 灰分元素 ash element
植物经燃烧后,残留在灰分中的元素。

06.062 植物养分比例 plant nutrients ratio
保持植物正常生长发育所需的氮、磷、钾等养分的适宜比值。可以氮为1或以最低养分定比值。

06.063 养分有效性 nutrient availability
易被植物吸收利用的养分性质。一般指水溶性、交换性和易活化的养分。

06.064 养分生物有效性 nutrient bioavailability
养分具有的能移动到植物根系附近被植物吸收利用的性质。

06.065 养分再利用 nutrient reutilization
由根吸收或同化的养分通过木质部运到地上部茎叶,再从茎叶细胞移到韧皮部,直至运到植物其他正在生长的器官的多次利用。不同养分被植物再利用的程度差异很大,如氮、磷养分再利用率高,而钙、镁则很低。

06.066 养分浓度梯度 nutrient concentration gradient
植物根表与土壤,或生物质膜内外,两者间养分浓度之差(dc)与两者间距(dx)之比(dc/dx)。

06.067 养分电势梯度 nutrient electropotential gradient
介质中植物根细胞膜内外两侧电势之差与两侧离子间距之比。它引起离子跨膜移动。

06.068 电化学势梯度 gradient of electrochemical potential
植物根细胞膜内外两侧的电化学势之差与两侧离子间距之比。介质中离子可沿着或逆着电化学势梯度经膜进入细胞内而被吸收。

06.069 养分耗竭 nutrient depletion
土壤中某些养分因植物吸收被过度消耗而匮乏。

06.070 养分富集 nutrient enrichment
由质流带至根表的养分(如钙、镁等)大大超过植物的需要,而在根表附近积累;或通过根的吸收,将深层土壤的养分转移到表层,使其中的养分含量相对增多的现象。

06.071 养分转移 nutrient translocation

在生长介质中营养物质从一处迁移到另一处的过程。

06.072 养分胁迫 nutrient stress
土壤中养分供应不足或过量而产生限制植物生长的现象。

06.073 养分效率 nutrient efficiency
又称"养分效能"。提供单位量营养元素所能产生的植物干物质量。它随植物的基因型不同而异。

06.074 营养条件 nutritional condition
介质中可供植物摄取的各种养分的形态、数量和比例等。

06.075 营养水平 nutritional level
植物营养的丰缺状况。一般用化学诊断方法,对植物养分含量进行判断。

06.076 营养物质 nutritive material
能作植物养分,促进作物生长发育,有利于提高产量和品质的各种无机和有机物质。

06.077 营养液 nutrient solution
含有浓度、比例适合植物生长的营养元素和适宜酸碱度的培养溶液。

06.078 氮同化作用 nitrogen assimilation
植物体内的无机态氮转化为有机态氮的过程。

06.079 氮平衡 nitrogen balance
农田中氮素收支基本相当。

06.080 氮代谢 nitrogen metabolism
根吸收 NO_3^- 和 NH_4^+ 后,在体内酶的催化下进行硝酸盐还原,氨的同化及蛋白质等有机氮化合物的合成、分解的转化过程。

06.081 氨毒 ammonia toxicity
由于铵态氮肥或尿素施用不当而产生的游离氨达到毒害和致死浓度时,对作物产生毒害的现象。

06.082 钙调素 calmodulin, CAM
又称"钙调蛋白"。Ca^{2+} 与环状多肽链结合而成的一种能活化酶的物质。该物质能使细胞质保持较低浓度的钙,使作物正常生长。

06.083 营养根 nutritive root
植物的营养器官之一。它除有固着、吸收、运输、储藏、合成功能外,还兼有繁殖功能。

06.084 植物营养遗传学 genetics of plant nutrition
应用植物遗传学的原理和方法培育和改良植物营养性状的学科。

06.085 植物矿质营养基因型 mineral nutrition genotype of plant
植物某一矿质营养特性的遗传潜力。

06.086 植物铁载体 phytosiderophore
禾本科植物缺铁时根系分泌的一些非蛋白质氨基酸,可促进高价铁的吸收。例如"麦根酸(mugineic acid)"等。

06.087 表面迁移 surface migration
养分离子从浓度较高的土壤胶体表面向浓度较低的根表面扩散。

06.088 土壤养分 soil nutrient
土壤中植物生长发育所需要的营养元素。

06.089 有效性养分 available nutrient
土壤溶液中或土壤胶体表面容易为植物吸收利用的养分。

06.090 无效养分 non-available nutrient
存在于难溶性的矿物、盐类和难分解的有机质中短期内不易被植物吸收利用的养分。

06.091 土壤养分形态 form of soil nutrient

土壤中养分物质的不同状态。一般可分为溶液态、交换态、固定态、矿物态和有机态等。

06.092 全氮 total nitrogen
土壤、肥料或植物中氮素的总量。

06.093 全磷 total phosphorus
土壤、植物或肥料中磷素的总量。

06.094 全钾 total potassium
土壤、植物或肥料中钾素的总量。

06.095 可溶性养分 soluble nutrient
溶解于土壤溶液或水中的植物营养物质。

06.096 水溶性养分 water soluble nutrient
溶解于水中的植物营养物质。

06.097 酸溶性养分 acid soluble nutrient
溶解于酸性溶液中的植物营养物质。

06.098 难溶性养分 difficultly soluble nutrient
难溶于水、弱酸的植物营养物质。

06.099 缓效性养分 slowly available nutrient
某些土壤矿物在一定条件下可释放出的植物营养物质。如黑云母以及水云母等 2∶1 型层状黏土矿物所固定的非交换性钾离子等。

06.100 交换性养分 exchangeable nutrient
吸附在土壤胶体上的可被同电荷离子交换出的养分离子。

06.101 非交换性养分 non-exchangeable nutrient
不能被同电荷离子交换出的土壤养分离子。如存在于 2∶1 型层状黏土矿物晶层间的固定态 K^+ 和 NH_4^+ 等。

06.102 活性养分 active nutrient
又称"速效性养分"。易被植物根系吸收利用的土壤养分物质。

06.103 速率因素 velocity factor
单位时间内单位体积土壤被交换吸附出的养分数量。用 $\mu g/s \cdot cm^3$ 表示。

06.104 数量因素 quantity factor
能被植物吸收利用的土壤中各种形态有效养分物质的数量。

06.105 强度因素 intensity factor
土壤溶液中的养分浓度。

06.106 动力因素 kinetic factor
植物根表和土体间由养分浓度梯度引起土壤养分迁移的因素。

06.107 缓冲因素 buffer factor
又称"容量因素"。土壤液相中有效养分降低一单位物质量时,土壤固相有效养分可能转入液相的物质量。

06.108 养分循环 nutrient cycle
农田生态系统中养分物质的输入和输出周而复始的过程。

06.109 养分平衡 nutrient balance
植物最大生长速率和产量必需的各种养分浓度间的最佳比例和收支平衡。

06.110 养分固定 nutrient fixation
土壤中的水溶性养分被吸附在胶体表面或与某些物质产生化学沉淀,或被黏土矿物固定和微生物吸收而使其移动性降低,甚至有效性下降的现象。

06.111 养分吸附 nutrient adsorption
养分离子或分子,受土壤胶体表面能或电荷或配位体的影响而被吸附在土壤胶体上的现象。

06.112 养分释放 nutrient releasing
因水分、温度、pH 等环境条件影响,土壤中某些难溶性或固定态的养分转化成可被植物根系吸收利用的养分的现象。

06.113 养分解吸 nutrient desorption
土壤胶体表面吸附的养分离子在一定条件下被释出而进入土壤溶液的现象。

06.114 养分损失 nutrient loss
土壤或施入土壤中的肥料养分物质,因化学、物理或微生物等的作用形成气态物质逸出土体或因淋沥、径流及侵蚀而直接排出土体的现象。

06.115 养分淋失 leaching loss of nutrient
土壤中的可溶性养分随渗漏水向下移动至根系活动层以下而引起的损失过程。

06.116 养分转化 nutrient transformation
因水分、温度、pH 和生物等环境条件的变化,使土壤中各种养分元素的形态及其有效性发生互相转变的现象。

06.117 A 值 A value
生物试验时,加入 ^{15}N 标记氮肥或 ^{32}P 磷肥,以测定土壤的有效氮或有效磷量的相对值。

06.118 碳氮比 C/N ratio
植物体内碳水化合物中的碳与氮或土壤和有机肥料中碳与氮的含量比率。

06.119 有机氮 organic nitrogen
植物、土壤和肥料中与碳结合的含氮物质的总称。如蛋白质、氨基酸、酰胺、尿素等。

06.120 无机氮 inorganic nitrogen
又称"矿态氮"。植物、土壤和肥料中未与碳结合的含氮物质的总称。主要有铵态氮、硝态氮和亚硝态氮等。

06.121 氮矿化 nitrogen mineralization
土壤和肥料中含氮有机化合物经微生物的逐步分解形成铵或氨的作用。

06.122 氮转化 nitrogen transformation
土壤与肥料中含氮物质通过生物化学的、物理化学的、物理的和化学的作用发生的氮素形态变化。

06.123 水解氮 hydrolyzable nitrogen
用水或一定浓度的盐、酸、碱等溶液作为萃取剂所得的土壤氮量。它属土壤中较易矿化的氮,在较短的时间内能为植物所吸收利用。

06.124 铵态氮 ammonium nitrogen
以铵离子(NH_4^+)及其盐类或分子态氨(NH_3)形态存在的含氮化合物。

06.125 硝态氮 nitrate nitrogen
以硝酸根离子(NO_3^-)及其盐类形态存在的含氮化合物。

06.126 亚硝态氮 nitrite nitrogen
以亚硝酸根离子(NO_2^-)及其盐类形态存在的含氮化合物。

06.127 碱解氮 alkali-hydrolyzable nitrogen
用碱提取法(包括碱性高锰酸钾法)所测得的土壤中可被植物吸收的氮量。常用碱解扩散法和碱解蒸溜法两种。

06.128 酸解氮 acid-hydrolyzable nitrogen
用酸提取法(包括酸性高锰酸钾法)所测得的土壤氮量。

06.129 酰胺态氮 amide nitrogen
氨基与酰基结合的含氮化合物。如尿素。

06.130 矿化速率 mineralization rate
土壤中有机化合物经土壤微生物的分解形成无机盐类的速度。它主要受有机物质的化学组成,碳氮比和水热条件等的影响。

06.131 活性磷 labile phosphorus
土壤溶液中的磷和所有非水溶性而可被同位素^{32}P交换的土壤吸附态磷的总称。

06.132 枸溶性磷 citric acid soluble phosphorus
又称"弱酸溶性磷"。能溶于2%柠檬酸或中性、微碱性的柠檬酸铵溶液中的磷酸盐,属植物有效性磷。

06.133 有机磷 organic phosphorus
土壤、植物和肥料中与碳结合的含磷物质的总称。如核蛋白、核酸、磷脂、植素等。

06.134 无机磷 inorganic phosphorus
土壤、植物和肥料中未与碳结合的含磷物质的总称。如磷灰石、一代或二代磷酸钙、镁盐、粉红磷铁矿等。

06.135 钾平衡 potassium balance
农田中钾素收支基本相当。

06.136 缓效钾 slowly available potassium
又称"非交换性钾"。被2:1型层状黏土矿物所固定的钾离子以及黑云母和部分水云母中的钾。反映土壤钾潜力的主要指标。

06.137 矿物态钾 mineral potassium
主要以原生或次生的结晶硅酸盐状态存在于土壤中的钾。属迟效性钾。

06.138 层间钾 interlayer potassium
存在于土壤中层状硅酸盐矿物晶层中间的钾。

06.139 易还原态锰 labile reduction manganese
土壤中易被还原成二价锰离子的三价或部分四价锰氧化物中的锰。

06.140 肥料 fertilizer
提供植物养分为主要功用和部分兼有改善土壤性质的物料。

06.141 肥料品位 fertilizer grade
以百分数表示的肥料养分含量。

06.142 标明量 declarable content
在肥料标签或质量证明书上标明的肥料养分含量。

06.143 肥料养分 fertilizer nutrient
肥料中提供植物生长发育所需要的营养元素。

06.144 肥料三要素 three essentials of fertilizer
肥料养分中氮、磷、钾三元素的总称。

06.145 肥料分析式 fertilizer analytic formula
每吨肥料所含各种主要养分含量的百分率。按N-P-K等顺序,用数字分别表示含量的一种方式。如某复混肥料的分析式为8-14-6,则表示含8%的N、14%的P_2O_5和6%的K_2O。

06.146 肥料配合式 fertilizer formula
单位复混肥料中所含各种原料的名称、数量和品质的表示方式。

06.147 三要素比例 three essential fertilizer ratio
肥料分析式的简化比例。将肥料分析式简化为10以内的比例。如10-6-4和20-12-8两种复混肥料,其分析式虽不同,但三要素比例均为5:3:2。

06.148 酸性肥料 acidic fertilizer
化学性质呈酸性的肥料。

06.149 中性肥料 neutral fertilizer
化学性质呈中性的肥料。

06.150 碱性肥料 alkaline fertilizer
化学性质呈碱性的肥料。

06.151 生理酸性肥料 physiological acidic fertilizer

肥料中离子态养分经植物吸收利用后,其残留部分导致介质酸度提高的肥料。

06.152 生理中性肥料 physiological neutral fertilizer

肥料中离子态养分经植物吸收利用后,无残留或残留部分基本不改变介质酸度的肥料。

06.153 生理碱性肥料 physiological alkaline fertilizer

肥料中离子态养分经植物吸收后,其残留部分导致介质酸度降低而趋碱性的肥料。

06.154 速效肥料 readily available fertilizer

养分易为植物吸收利用,肥效反应快的肥料。通常指水溶性化肥和一部分易分解的有机肥料。

06.155 迟效肥料 delayed available fertilizer

养分需经分解、转化才能被植物吸收利用的肥效慢的肥料。包括绝大部分的有机肥料和少数无机肥料,如磷矿粉。

06.156 缓释肥料 slow-release fertilizer

又称"长效肥料"。由化学或物理法制成能延缓养分释放速率,可供植物持续吸收利用的肥料。如脲甲醛、包膜氮肥等。

06.157 固体肥料 solid fertilizer

06.158 悬浮肥料 suspension fertilizer

为防止某些养分发生沉淀,在液体肥料中加入悬浮剂制成的悬浮体。产品配方可按需要加以调节,还可加入微量元素、除草剂和杀虫剂等。

06.159 颗粒肥料 granular fertilizer

简称"粒肥"。按预定粒径制成颗粒大小相似的固体肥料。

06.160 液体肥料 liquid fertilizer

06.161 气体肥料 gaseous fertilizer, gas fertilizer

06.162 螯合肥料 chelate fertilizer

天然的或人工合成的有机化合物与金属微量元素起络合或螯合作用的肥料。例如螯合铁(EDTA – Fe)、螯合锌(EDTA – Zn)等。

06.163 包膜肥料 coated fertilizer

为改善肥料功效和控制养分释放速率为主要目的在其颗粒表面包一层半透性或难溶性的其他薄层物质而制成的肥料。如硫磺包膜尿素等。

06.164 叶面肥料 foliar fertilizer

喷施于植物叶片而使其吸收利用的肥料。

06.165 肥料调理剂 fertilizer conditioner

用以防止或减少肥料吸湿结块,改善肥料物理性能的物料。

06.166 肥料添加剂 fertilizer additive

用于改善肥料性能和促进肥效的物料。

06.167 肥料填料 fertilizer filler

用于调整肥料中的养分含量,而加入不含任何标明量养分的物料。

06.168 肥料溶解度 fertilizer solubility

一定温度下溶解在 100mL 水中的肥料质量。以克数表示。

06.169 肥料养分溶解度 solubility of fertilizer nutrient

规定温度条件下由指定溶剂萃取的某养分的数量。以肥料质量的百分数表示。

06.170 肥料利用率 utilization rate of fertilizer

植物吸收来自所施肥料的养分占所施肥料养分总量的百分率。

06.171　无机肥料　inorganic fertilizer
又称"矿质肥料(mineral fertilizer)"、"化学肥料(chemical fertilizer)"、简称"化肥"。用物理或化学工业方法制成,标明养分主要为无机盐形式的肥料。

06.172　商品肥料　commercial fertilizer
具有植物营养价值,以商品形式出售的肥料。

06.173　单质肥料　straight fertilizer
又称"单元肥料"。仅具有一种养分标明量的化学肥料(氮肥、磷肥或钾肥)的总称。

06.174　氮肥　nitrogenous fertilizer
提供植物氮营养,具有氮标明量的单质肥料。

06.175　铵态氮肥　ammonium nitrogen fertilizer
养分标明量为铵盐形态氮的单质氮肥。如硫酸铵。

06.176　氨态氮肥　ammonia nitrogen fertilizer
养分标明量为氨形态氮的单质氮肥。如液氨。

06.177　硝态氮肥　nitrate nitrogen fertilizer
养分标明量为硝酸盐形态的氮肥。如硝酸钠、硝酸钙等。

06.178　硝铵态氮肥　ammonium and nitrate nitrogen fertilizer
养分标明量为硝酸盐和铵盐形态的氮肥。如硝酸铵。

06.179　酰胺态氮肥　amide nitrogen fertilizer
养分标明量为酰胺形态氮的氮肥。如尿素。

06.180　氰氨态氮肥　cyanamide nitrogen fertilizer
养分标明量为氰氨形态的氮肥。如氰氨化钙(石灰氮)。

06.181　缓释氮肥　slow-release nitrogen fertilizer
可延缓氮素释放速率,减少氮素损失并供植物持续吸收利用的氮肥。包括有机缓释氮肥和包膜氮肥两类。

06.182　有机缓释氮肥　organic slow-release nitrogen fertilizer
主要以尿素为基体,与醛反应合成的低水溶性含氮聚合物,在土壤中经化学或生物分解作用,逐步释放出氮素的肥料。例如脲甲醛、异丁叉环二脲等。

06.183　脲酶抑制剂　urease inhibitor
对土壤脲酶活性有抑制作用的一类物质。它在短期内能延缓尿素的水解,减少氮的损失。

06.184　磷肥　phosphatic fertilizer
提供植物磷营养,具有磷标明量的单质肥料。

06.185　湿法磷肥　wet-process phosphatic fertilizer
又称"酸制磷肥"。采用无机酸处理磷矿石制成的磷肥的通称。

06.186　热法磷肥　thermal-process phosphatic fertilizer
又称"热制磷肥"。采用高温处理磷矿石制成磷肥的通称。

06.187　水溶性磷肥　water-soluble phosphatic fertilizer
养分标明量主要属于水溶性磷的磷肥。如

过磷酸钙,重过磷酸钙。

06.188 构溶性磷肥 citrate acid soluble phosphatic fertilizer

又称"弱酸溶性磷肥"。养分标明量主要属弱酸溶性磷的磷肥。如钙镁磷肥,钢碴磷肥(托马斯磷肥)和脱氟磷肥等。

06.189 难溶性磷肥 difficultly soluble phosphatic fertilizer

又称"酸溶性磷肥"。养分标明量只能溶于强酸的磷肥。如磷矿粉,骨粉等。

06.190 钾肥 potassic fertilizer

具有钾标明量,提供植物钾营养的单质肥料。如硫酸钾、氯化钾等。

06.191 钙肥 lime fertilizer

具有钙标明量,提供植物钙营养或兼用作酸性土壤调理剂的物料。如农用石灰、石灰石粉等。

06.192 镁肥 magnesium fertilizer

具有镁标明量,提供植物镁营养的肥料。如硫酸镁、氯化镁、碳酸镁等。

06.193 硫肥 sulfur fertilizer

具有硫标明量,提供植物硫营养或兼作为碱土化学改良剂的物料。如石膏等。

06.194 农用食盐 sodium chloride

为海盐、池盐、井盐或天然氯化钠盐矿未经加工而直接用作肥料。其主要成分为氯化钠。

06.195 微量元素肥料 micronutrient fertilizer

具有一种或几种微量元素标明量的肥料。包括硼肥、锌肥、锰肥、铁肥、钼肥、铜肥和玻璃肥料等。

06.196 硅肥 siliceous fertilizer

具有硅标明量的肥料。

06.197 复合肥料 compound or mixed fertilizer

同时具有氮、磷、钾三种养分或至少有两种养分标明量的肥料。

06.198 化成复合肥料 compound fertilizer

通过化学方法制成的二元复合肥料。如磷酸铵、硝酸钾、磷酸二氢钾等。

06.199 配成复合肥料 processing compound fertilizer

在化成复合肥料生产工艺中配入不同单质养分而制成的肥料。产品中至少有氮、磷、钾三种养分标明量。

06.200 复混肥料 complex fertilizer

由几种单质肥料或单质肥料与化成复合肥料相混而成的肥料的总称。

06.201 掺合肥料 blended fertilizer

由机械方法将几种形态和粒径大小相似的单质或复混肥料干混在一起的肥料。

06.202 有机肥料 organic fertilizer

又称"农家肥料(farmyard manure)"。来源于植物或动物残体,提供植物养分并兼有改善土壤理化和生物学性质的有机物料。

06.203 畜粪尿 domestic animals manure

猪、牛、马、羊等家畜的排泄物。其中含有丰富的有机质和作物需要的有机、无机营养物质,是优质有机肥料的主要来源。

06.204 人粪尿 night soil

人体排泄出的粪和尿的混合物。需经无害化处理后,方可施用。

06.205 厩肥 stable manure

以家畜粪尿为主与褥草等混合积制的农家肥料。

06.206 堆肥 compost

以植物残体为主,加入一定量人、畜粪尿和草木灰或石灰、土等混合堆积,经好气微生物分解而成的农家肥料。

06.207 沤肥 waterlogged compost
以植物残体为主,加入一定量的人畜粪尿、绿肥、石灰、河泥、塘泥、生活垃圾等物料混合,在淹水条件下,经嫌气微生物分解而成的农家肥料。

06.208 沼气肥 biogas manure
又称"沼气发酵肥(methane fermentations waste)"。植物性有机物和动物性有机物在沼气池内经嫌气微生物甲烷细菌等发酵,制取沼气后的残留物。

06.209 秸秆肥 straw manure
把作物秸秆直接翻耕入土用作基肥,或用作覆盖物。

06.210 泥炭 peat
沼泽地植物残体,在长期淹水条件下,积累形成的一种较为稳定的有机物堆积层。

06.211 饼肥 cake fertilizer
各种油料作物种子经压榨或浸提去油后的残渣。

06.212 腐殖酸类肥料 humic fertilizer
由泥炭、褐煤、风化煤为主要原料经酸或碱等化学处理和掺入少量无机肥料而制成的肥料。其中富含腐殖酸和一定标明量的养分。

06.213 绿肥 green manure
用作肥料的绿色植物体。

06.214 豆科绿肥 leguminous green manure
用作肥料的豆科绿色植物体。如紫云英、草木樨等。

06.215 非豆科绿肥 non-leguminous green manure
用作肥料的禾本科、十字花科等非豆科植物的绿色植物体。如黑麦草、苏丹草等。

06.216 水生绿肥 hydrophytic green manure
生长在河、湖、沟、塘、水田、湿地等场所,用作肥料的植物。如水葫芦、水浮莲、水花生、满江红等。

06.217 废弃物肥料 sludge and refuse
经无害化处理的各种有机无机废弃物、动植物有机残体及其与泥质混合的肥料。主要包括城镇生活垃圾、污泥、废渣、屠宰场废弃物、海肥、泥杂肥及肥水等。

06.218 微生物肥料 microbial manure
又称"菌肥"、"菌剂"。由一种或数种有益微生物活细胞制备而成的肥料。主要有根瘤菌剂、固氮菌剂、磷细菌剂、抗生菌剂、复合菌剂等。

06.219 植物生长调节剂 plant growth regulator
人工合成的具有调节植物生长发育的生物或化学制剂。如各种外源激素(生长素、赤霉素、脱落酸等)。

06.220 营养诊断 nutrient diagnosis
以植物形态、生理、生化等指标作为根据,判断植物的营养状况。

06.221 营养失调 nutritional disorder
作物体内的某些营养元素缺乏或过多,导致体内代谢紊乱和出现生理障碍的现象。

06.222 营养缺乏 nutrition deficiency

06.223 潜在缺乏 hidden hunger
又称"隐匿饥饿"。植物由于缺乏某种营养元素,虽然在外观形态上尚未出现症状,但实际产量(或品质)已受影响。

06.224　重叠缺乏　overlapping deficiency

两种营养元素以上的缺乏症状在同一作物上同时或先后重叠发生。

06.225　临界值诊断法　diagnosis method by critical value

以养分临界值作为判断植物养分丰缺标准的诊断方法。

06.226　养分临界值　critical value of nutrient

植物正常生长发育所必需的各种养分数量和比例的范围下限。

06.227　诊断指标　diagnosis index

衡量植物体内养分状况的参比标准。

06.228　形态诊断法　morphological diagnosis

根据植物外表形态的变异判断植物营养状况的方法。

06.229　植株化学诊断法　diagnosis method of plant chemistry

应用化学方法测定植物体营养元素的含量,并与参比标准比较,判断植物营养状况的方法。

06.230　叶片分析诊断法　diagnosis method of leaf analysis

以叶片为样本,测定其中各种养分含量,与参比标准比较,判断植物营养状况的方法。

06.231　组织速测诊断法　diagnosis method of tissue rapid measurement

利用对某种元素丰缺反应敏感的植物新鲜组织,进行养分含量快速测定,判断植物营养状况的方法。

06.232　施肥诊断法　diagnosis method of fertilization

以根外施肥或土壤施肥方式给予拟试营养元素,检验植物是否缺该种元素的方法。

06.233　诊断施肥综合法　diagnosis and recommendation integrated system

简称"DRIS 法"。以高产作物群体元素间比值为参比,用距参比的变异程度衡量作物营养平衡状况的诊断方法。

06.234　叶色诊断法　diagnosis method of foliar color

模拟植物叶色浓淡制成系列色卡等,作为测定叶色的比较标准,并与待测植物叶色比较判断植物营养状况的方法。

06.235　酶学诊断法　enzymology diagnosis method

测定植物体内酶活性或含量变化来判断植物营养状况的方法。

06.236　生物培养诊断法　diagnosis method of biological incubation

以生物生长情况为指示,判断被试土壤养分状况的方法。

06.237　显微结构诊断法　diagnosis of microstructure

借助显微技术观察植物解剖结构的变化,用以判断植物营养状况的方法。

06.238　植物缺素症　hunger sign in plant, nutrient deficiency symptom in plant

植物因缺乏某种或多种必需营养元素以致不能正常生长发育,从而在外形上表现出特有的症状。一般属于生理病害。

06.239　耕垦症　reclamation symptom

曾称"耕作症"。新垦沼泽土等种植禾谷类作物,因土壤缺铜而引起叶尖失绿或不结实的症状。

06.240　小叶症　little-leaf symptom

果树缺锌而引起叶片变小的症状。

06.241　簇叶症　rosette

果树缺锌或缺硼,新梢节间变短,小枝尖端

密生小而发黄的叶片,形成簇叶的症状。

06.242 失绿症 chlorosis
植物缺铁、镁等营养元素时,阻碍植物形成叶绿素而出现叶片黄化的症状。

06.243 鞭尾症 whiptail
十字花科的蔬菜,由于缺钼而引起叶肉退化,残留中肋而呈鞭形叶的症状。

06.244 焦灼症 burnt symptom
禾谷类作物缺钾而引起老叶和叶缘发黄,进而变褐、焦枯似灼烧的症状。

06.245 灰白症 white-grey symptom
作物缺铜,除幼叶枯萎和穗发育不良外,叶片往往出现灰白斑块的症状。

06.246 腐心症 heart rot
甜菜、萝卜、芜菁等缺硼时块根内部发生黑褐色腐烂的症状。

06.247 灰斑症 grey speck
燕麦缺锰时,新叶叶片出现灰色斑点的症状。

06.248 白芽症 white bud
又称"白苗症"。玉米缺锌时,幼苗叶片失绿变黄白的症状。

06.249 牧草痉挛症 grass tetany
牧草缺镁反刍动物食用后血液中含镁量降低,导致神经系统功能失调而出现的肢体肌肉痉挛的症状。

06.250 苦陷症 bitter pit
苹果由于高氮低钙营养失调而引起果肉微苦,果实表面出现凹陷圆斑的症状。

06.251 脐腐症 blossom-end rot
番茄缺钙或氮钙比例失调时,其果实脐部形成黑色斑块并出现凹陷的症状。

06.252 元素毒害 element toxicity

植物吸收元素过量,使植物受害中毒而引起的代谢失调的现象。常见的有铝中毒及铜、锌、锰、铁、钼、硼、氯、砷、镍、铬、镉、铅、汞中毒等。

06.253 保护地盐害 salt concentration obstacle on protected land
保护地栽培中,因玻璃或塑膜覆盖使表土盐分聚集浓度过高引起的植物生长发育的障碍。

06.254 保护地气体毒害 gas toxicity of protected land
保护地栽培中,施入的氮肥在土壤中转化受阻而出现的氨中毒和亚硝酸气体中毒的现象。

06.255 施肥 fertilization
将肥料施于土壤或植物,以提高作物产量、品质,并保持和增进土壤肥力的农业措施。

06.256 施肥制度 fertilization system
合理施用肥料的一套施肥方案和施肥技术措施。

06.257 肥料效应 fertilizer response
施肥对作物产量的作用效果。是鉴定肥料经济效益的基础。

06.258 肥料效应函数 fertilizer response function
表达肥料施用量与作物产量之间数量关系的数学函数式。

06.259 边际代替率 marginal rate of substitution
产量不变时两种肥料施用量之间的增减比率。

06.260 边际效应 marginal effect
增施单位量肥料所得的产量效果。

06.261 边际产量[统计] marginal yield
增施单位量肥料所引起的总产量的增减额。

06.262 边际产值 marginal value
增施单位量肥料所引起的产值的增减额。

06.263 边际成本 marginal cost
增施单位量肥料的成本。

06.264 边际利润 marginal profit
增施单位量肥料所增加的施肥利润。

06.265 推荐施肥 fertilization recommendation
根据作物需肥特性,土壤供肥性能和肥料效应,提出的施肥技术建议。

06.266 测土施肥 soil testing and fertilizer recommendation
以土壤测试为基础的推荐施肥技术。

06.267 营养诊断施肥 diagnosis nutrient and fertilization
以植物营养诊断为基础的推荐施肥技术。

06.268 养分平衡施肥 balanced nutrients fertilization
根据农作物需肥特性,土壤供肥性能和肥料用量之间保持养分收支平衡而提出的肥料用量和比例合理的施用技术。

06.269 饱和施肥 saturated fertilization
针对土壤吸持的各种养分物质的亏缺程度施用各种肥料,使土壤有效养分达到丰足水平的施肥技术。

06.270 维持施肥 maintenance fertilization
保证单位面积农作物产量达到一定水平及保持地力不衰而确定各种肥料用量的施肥措施。

06.271 经济施肥 economic fertilization

以取得最大利润额和利润率为目的的施肥措施。前者根据肥料效应函数,当边际利润等于零时算出;后者则按边际利润率等于零时算出。

06.272 施肥技术 technique of fertilization
对作物所施用肥料的种类和数量,时期和方法的总称。

06.273 最高产量施肥量 maximum yield application rate
获得单位面积最高产量的施肥量。

06.274 经济最佳施肥量 economic optimum application rate
获得单位面积最高施肥利润的施肥量。

06.275 基肥 basal fertilizer
作物播种或定植前结合土壤耕作施用的肥料。

06.276 深层施肥 deep placement
一般将肥料施在土表下约 10—25cm 的一种施肥方法。如耕翻深施和开沟、开穴深施等。

06.277 全层施肥 whole layer fertilization
通过耕作将肥料均匀分布施于土壤耕层的施肥方法,是基肥施用方法之一。

06.278 分层施肥 separated layer fertilization
结合深耕深翻将迟效肥料施在土壤底层或中层,在播种或定植时再将少量的速效肥料施在土壤表层的一种施肥方法。

06.279 集中施肥 concentrated fertilization
肥料集中施在植物根系附近的一种经济施肥方法。如穴施、沟施,带状、环状和放射状施肥等。

06.280 撒施 broadcasting

肥料均匀撒于土表并结合犁耙把肥料翻入土中的施肥方法。

06.281 种肥 seed fertilizer
播种或定植时,施于种子或秧苗附近或供给植物苗期营养的肥料。

06.282 追肥 top dressing
植物生长期间为调节植物营养而施用的肥料。

06.283 根外施肥 exoroot fertilization
植物生长发育期间,将低浓度的肥料溶液喷洒在植物叶片或用器件将肥料溶液注入植物地上部的一种施肥方法。

06.284 分期施肥 top-dressing at different stages
按植物生长发育期进行分次施肥。如"返青肥(dressing of turning)"、"分蘖肥(tillering stage dressing)"、"穗肥(head dressing)"等。

06.285 带状施肥 band application
又称"条施"。固、液体肥料和悬浮肥料呈条状或带状施入土中的一种施肥方法。

06.286 肥料试验 fertilizer experiment
探讨肥料性质、作用以及合理施肥技术试验研究方法。

06.287 田间试验 field experiment
在田间条件下,研究影响植物生长、发育规律各有关因素的试验方法。

06.288 长期定位试验 long term experiment
按特定目的在固定的田块上布置试验,并连续多年进行观测的实验方法。

06.289 探索播种 exploration seeding
为选择田间试验地而播种密生植物,以其生长和产量探得该地的土壤肥力分布实况。凭此划分合适的试验小区形状和面积的方法。

06.290 匀地播种 sowing of evenland
在即将进行试验的土地上连续几茬播种密生植物以便均衡土壤肥力差异的方法。

06.291 盆栽试验 pot experiment
在人为控制条件下,将生长介质置于特制的容器中在温室、网室或人工气候箱等设施中,所进行的植物培育的各种试验的总称。

06.292 土培 soil culture
以土壤为植物生长介质的盆栽试验。

06.293 水培 water culture
又称"营养液培(nutrient solution culture)"。以营养液作为植物生长介质的栽培方法。

06.294 完全培养液 complete culture solution
含有植物生长所必需的全部营养元素和适应于植物所需 pH、养分形态和生理平衡的培养液。

06.295 缺素培养液 culture solution of element deficient
又称"不完全培养液"。缺乏植物所必需的某种或几种营养元素的培养液。

06.296 无土栽培 soilless culture
不用土壤而用加有养分溶液的物料(如珍珠岩、蛭石、无毒泡沫塑料等)作为植物生长介质的栽培方法。

06.297 砂培 sand culture
以纯砂粒作为植物生长介质的栽培方法。

06.298 幼苗试验 seedling test
根据植物幼苗生长状况,并对其进行干物质产量和灰分分析来判断土壤养分状况的一种试验方法。

06.299 无菌培养 sterile culture
又称"灭菌培养"。在无微生物活动条件下,进行植物栽培试验。

06.300 分根培养 split root culture
又称"分隔培养"。将同一植株的根系分隔在不同营养环境中培养的盆栽试验。

06.301 流动培养 continuous flow culture
培养液处于流动状态并保持养分与介质pH稳定的砂培或水培。

06.302 耗竭试验 exhaustive cropping technique
通过连续种植多次植物来评定土壤潜在养分的释放速率和数量的一种试验。

06.303 耐量试验 tolerance test
探索植物对土壤酸碱度、含盐量及某些营养元素缺乏或过量等忍受能力的试验。

06.304 肥料试验设计 fertilizer experimental design
对肥料试验的整体安排。包括试验方案、试验方法、管理措施、观察、测定项目及其方法与标准等。

06.305 单因子试验 unifactor experiment
其他因子相对一致的条件下,仅研究某一因子效应的试验。

06.306 多因子试验 multifactor experiment
一个设计方案中研究两个或两个以上不同因子效应的试验。

06.307 随机区组试验 randomized block experiment
根据局部控制的原则,将试验地按肥力水平划分为与处理重复次数相同的若干个区组,在区组内各处理小区完全随机排列的田间试验。

06.308 完全区组设计 complete block design
一个重复的全部处理小区安排在同一区组内的试验设计。

06.309 不完全区组设计 incomplete block design
一个重复的全部处理小区分别安排在两个或两个以上区组内的试验设计。

06.310 拉丁方设计 Latin square design
要求重复次数和处理次数相等,纵横双向均构成区组,各小区方阵排列,每一处理在每行或每列仅出现一次,是田间试验中随机区组排列的特殊形式。

06.311 裂区设计 split plot design
试验因素分级后,将小区按次级因数的水平数分裂成面积更小的副区,再应用设置重复、局部控制和随机排列三项原则设计的多因子试验。

06.312 混杂设计 confounded design
按不同研究目的,将一部分次要效应与区组效应相混杂,以缩小区组容量,从而提高主要目标效应精确性的试验设计。

06.313 回归设计 regression design
研究自变量与因变量间的依存关系,并以回归方程为各因素试验数据表达形式的试验设计。通常用线性回归方程、曲线回归方程等表达式。

06.314 正交设计 orthogonal design
用正交表安排的多因子试验的设计。

06.315 回归正交设计 regression-orthogonal design
试验方案的结构矩阵具有正交性的回归设计。

06.316　旋转设计　rotation design
具备在因子空间内与中心点等距的同一球面上各点的预测值方差都相等的统计性质的回归设计。

06.317　最优设计　optimum design
在给定因子空间内,实验单元数相等的各试验中回归系数广义方差最小的试验设计。

06.318　试验误差　experimental error
试验观测值与观测对象真值间之差。

06.319　统计检验　statistical test
试验结果差异显著性测定的总称。是对试验效应能否确立和程度大小的一种数学推断方法。

06.320　示踪核素　tracer nuclides
用于标记土壤、肥料和植物营养研究材料的稳定性或放射性同位素。常用的有 ^{15}N、^{32}P、^{14}C、^{45}Ca、^{35}S、^{54}Mn、^{59}Fe、^{65}Zn 和 ^{88}Rb 等。

06.321　稳定性同位素示踪技术　stable isotope tracer technique
用富集的稳定性同位素标记的化合物作为示踪剂,通过同位素组成分析,追踪生物学过程的研究技术。

06.322　放射性同位素示踪技术　radio isotope tracer technique
通过观察或测定放射性同位素示踪原子的行为或强度来研究物质的运动和变化规律的技术。

06.323　放射自显影术　autoradiography
利用放射性样品在感光底片上成像检查样品中放射性元素及其分布的一种同位素示踪技术。

06.324　^{15}N 丰度测定　measurement of ^{15}N abundance
由质谱仪或光谱仪测定样品中 ^{15}N 原子数占总的 N 原子数的百分数。

06.325　示踪测定　isotopic tracer
利用同位素标记技术,测定标记肥料利用率和土壤中有效养分含量等的方法。

07. 土壤生态、土壤肥力

07.001　土壤生态系统　soil ecosystem
土壤生物与其周围环境相互联系和相互作用的统一体。

07.002　土壤生态亚系统　soil subecosystem
土壤生态系统下续分的次级系统。

07.003　土壤生态系统序列　soil ecosystem sequence
用状态因子分析方法,将一系列土壤生态系统按某一因子状态的差异而排成的次序。

07.004　土壤生态系统结构　structure of soil ecosystem
土壤生态系统中生物的种类、数量和所占据的空间诸因素的构成及其相互依存的关系。包括空间结构及营养结构。

07.005　土壤生态系统功能　function of soil ecosystem
土壤生态系统中物质的循环、转化、储存和能量转换等作用的总称。

07.006　土壤生态环境　ecological environment of soil

土壤中生物与其环境之间的协调状态。

07.007　土壤立体网络　soil stereonet
土壤生态系统地上及地下各类生物与其联系的环境要素（土壤、大气、水圈、岩石风化物）相互作用、相互制约构成的空间网络结构。

07.008　地上层　aerial layer
生态系统中地面以上的植被层及近地大气层的总称。

07.009　地下层　underground layer
生态系统中的土壤层及岩石风化物层的总称。

07.010　状态因子　state factor
制约土壤形成演化的、以自变量表示的一组生物及环境因子。

07.011　状态因子方程　state factor equation
定量说明状态因子与生态系统及土壤性状关系的函数式：$l, v, a, s = f(cl, \varphi, r, p, t, \cdots)$，式中 l 表示全部系统，v 为植被，a 为动物，s 为土壤，cl 为气候，φ 为生物，r 为地形，p 为母质和 t 为时间，由詹尼（H. Jenny）提出。

07.012　生物地理群落　biogeocoenosis
由相互作用的生物群落（植物群落和动物群体）与地理环境（土壤和大气）所构成的相互作用，相互依存的统一体。

07.013　土壤指示植物　indicator plant of soil
适生于特定土壤具有一定专性且能指示该土壤某些性状的植物。

07.014　酸性指示植物　acid indicator plant
专一生长于酸性土壤的植物。

07.015　碱性指示植物　alkaline indicator plant
专一生长于碱性土壤的植物。

07.016　盐土指示植物　indicator plant of solonchak
具有耐盐性的生长于盐土上的植物。

07.017　钙质土指示植物　indicator plant of calcium soil
生长于碳酸钙富集的土壤上的植物。

07.018　喜钙植物　calciphile
适宜生长在石灰性土壤上的植物。一般为双子叶植物。

07.019　嫌钙植物　calcifuge
适宜生长于缺钙的酸性土上的植物。一般为单子叶植物。

07.020　嫌碱植物　basifuge
碱性土壤上生长不良的植物。

07.021　嫌酸植物　oxyphobes
酸性土壤上生长不良的植物。

07.022　嫌盐植物　halophobes
不宜在盐土和盐化土壤上生长的植物。

07.023　景观　landscape
一定区域地球表面上能够清楚观察和区分自然界特征（如地貌、植被、水域等）的全貌及类型。

07.024　地貌　landform
土地表面由土壤、沉积物或基岩形成的具有一定形状并存在于一定部位的三维空间。

07.025　土壤空间　soil space
土壤中进行气体、热量交换和生物活动的空间。

07.026　土壤空间分布　soil spatial distribution

地表各种土壤的类型、空间位置、面积、排列组合规律及其相互关系。

07.027 土壤空间分布模型 soil spatial distribution model
表示土壤空间分布规律的数学模型。

07.028 绿色空间 vert space
陆地生态系统的地上部分。包括植物、动物和它们的生存空隙。

07.029 森林立地 forest site
一定的空间范围内对林木生长意义重大的环境条件的总体。

07.030 立地条件 site condition
森林植物生长所具有的有效环境条件。

07.031 立地类型 site type
按土壤、地貌、气候和植被划分的林业用地类型。

07.032 立地质量 site quality
按木材生产潜力对林业用地等级的评价。

07.033 地位级 site class
一定年龄的林分按其平均树高划分的若干等级。用来评定林木或林分的立地相对生产力。

07.034 地位指数 site index
林分中标准年龄优势木的树高米数。它用作评价森林土壤生产力的指标。

07.035 迹地土壤 slash soil
林木被采伐或火烧后的林地土壤。

07.036 非林地土壤 nonforest soil
未生长或不能生长森林的土壤。

07.037 炼山 slash burning
有控制地用火烧法清除采伐迹地残余植物的整地方法。

07.038 地面火 ground fire
又称"低层火"。发生在地面烧毁地被物、森林残落物、幼树和下木的火灾。

07.039 地下火 underground fire
又称"土壤火"。林地土壤中粗腐殖质层有机物质(包括泥炭等)燃烧所发生的火灾。

07.040 地被层 ground layer
覆盖于地表的植物残落物、苔藓及匍匐草本植物的总称。

07.041 活地被层 living mulch
森林群落中乔木和灌木层下的覆盖地面的草本层及苔藓层。

07.042 凋落物 litter fall
定期或不定期从林木凋落的叶、枝、茎干、树皮、花果等未分解的植物器官或组织的总称。

07.043 枯枝落叶层 forest floor
又称"死地被物层"。森林土壤矿质土层上的由死亡植物及其他不同分解程度有机物质构成的有机质层。

07.044 覆盖植物 cover plant
生长在地面上能防止土壤侵蚀或土壤物理性质恶化的植物。

07.045 样地 plot
用于植被调查采样而限定范围的地段。

07.046 样方 quadrat
动物和植物区系研究中用于调查和采集样本的有限面积的样地。

07.047 生态样块 tessera
生长有绿色植物的一个三维空间垂直的土壤柱状体样块。

07.048 定位研究 located research
在固定地点连续进行调查、观测和研究的

方法。

07.049 自然保护 nature conservation
为维护、恢复及提高自然环境质量而由人类对自然生态系统的管理。

07.050 农业生态系统 agroecosystem
人类利用农业生物与非生物环境按社会需求进行物质生产的有机整体。

07.051 可持续农业 sustainable agriculture
通过保护和持续利用自然资源,不断满足当代人类对农产品的数量和质量的需求,又不损害后代利益的农业经营。

07.052 复合农林业 agroforestry
农作物与树木间、混作,充分利用土地及光、热、水资源,以生产农林业产品的经营方式。

07.053 生产者 producer
生态系统中能利用太阳能合成有机物质的生物。

07.054 经济产量 economic yield
根据人类社会生产目标获得的生物产品产量。

07.055 消费者 consumer
生态系统中以食用方式消耗动植物产品的动物及微生物。

07.056 土壤食草动物 soil grazing animal
土壤中以植物为食料的动物。如啮齿动物田鼠。

07.057 土壤食肉动物 soil carnivorous animal
土壤中捕食动物的一类动物。如蝎子。

07.058 土壤食虫动物 soil insectivorous animal
土壤中捕食昆虫的动物。如蜘蛛。

07.059 土壤食尸动物 soil necrophagous animal
土壤中以动物尸体为食物的动物。如甲虫、蠕虫。

07.060 土壤食腐动物 soil saprophagous animal
土壤中以腐烂动植物体为食物的动物。如线虫、蚂蚁。

07.061 土壤食泥动物 soil limnophagous animal
以有机质丰富的土壤为食物的一类土壤动物。如蚯蚓。

07.062 土壤食粪动物 soil coprophagous animal
以动物粪为食物的一类土壤动物。如蜣螂,蝇蛆。

07.063 分解者 decomposer
以分解有机物质为生的异养微生物和动物。

07.064 腐生生物 saprophyte
以吸取动、植物腐体中的营养成分为生的生物。如菌和菇。

07.065 腐生生物群落 saprium
不同种类腐生生物群居在一定环境条件中的有规律组合。

07.066 土壤动物残体 soil animal residue
土壤动物死亡后残存的躯体。

07.067 土壤动物孔道 soil animal passage
土体中动物钻掘、栖息和活动的穴道。

07.068 蚯蚓粪 earthworm cast

07.069 粪粒 fecal pellet
土壤动物排泄的粪。

07.070 粪粒性腐殖质 copro-humus

07.071 食物链 food chain
生态系统中生物依次取食其他生物所构成的营养结构传递方式。

07.072 碎屑食物链 detritus food chain
土壤生态系统中取食植物残体或半分解物为生的动物,又依次为其他动物取食而构成的营养结构传递方式。

07.073 腐生食物链 saprophytic food chain
食物链中的生物以植物分解残体或生物排泄物为食物的各类生物的营养结构传递方式。

07.074 化感作用 allelopathy
又称"他感作用"。植物分泌某些化学物质对其他植物的生长产生的抑制或促进作用。

07.075 生物地球化学循环 biogeochemical cycle
化学元素在土壤、大气、水域、风化壳和生物圈中的迁移、转化等往返过程。

07.076 土壤库 soil pool
物质循环过程中以土壤作为储存、交换的场所。

07.077 储存库 reservoir pool
物质储存较多,停留时间较长的场所。如土壤库。

07.078 循环库 cycling pool
又称"交换库"。物质循环交换活跃,停留时间较短且库容较小的场所。

07.079 养分库 nutrient pool
生态系统中储存养分的场所。

07.080 分室 compartment
又称"隔室"。生态系统中能量和物质储存或交换、转移的场所。

07.081 开放生态系统 open ecosystem
物质流动和能量转换不局限于本系统边界内部的生态系统。如农业生态系统。

07.082 封闭生态系统 closed ecosystem
物质循环和能量转换基本限于本系统边界内部而呈自然稳定状态的生态系统。

07.083 能量传输 energy transfer
太阳辐射能通过绿色植物转化成化学潜能,并沿食物链逐级传输的现象。

07.084 能量交换 energy exchange
生态系统间能量的相互流动。

07.085 能量释放 energy liberation
储存的能量转变为可作功的能量的现象。

07.086 能量损失 energy loss
生态系统中能量在传输及转换过程中的耗损。

07.087 能量收支 energy budget
生态系统中输入能量和输出能量间的比较。

07.088 能量平衡 energy balance
生态系统中输入能量与输出能量相当。

07.089 能量利用系数 utilization coefficient of energy
生态系统中输出能量与输入能量的比率。

07.090 能量转化率 energy transformation ratio
某营养级所固定的能量与前一营养级所持有能量之比。

07.091 能量转变 energy transformation
能量从一种状态转化成另一种状态。

07.092 能流 energy flow
生态系统中的能量以一定数量由一个库转移到另一库的过程。

07.093 物质循环 material cycle
地球表面物质在自然力和生物活动作用下,在生态系统内部或其间进行储存、转化、迁移的往返流动。

07.094 水分供应 water supply
一个系统或一个区域水供给的来源及丰缺状况。

07.095 水分亏缺 water deficit
一个系统或一个区域水分供需差额或收支赤字。

07.096 营养链 trophic chain
养分通过食物链在生态系统中逐级传输的方式。

07.097 养分收支 nutrient budget
生态系统中的养分在养分库中的输入与输出的比较。

07.098 [植物]养分含量 [plant] nutrient content
单位面积上植物养分的质量。

07.099 养分浓度 nutrient concentration
单位质量物质中养分的质量。

07.100 养分载荷 nutrient loading
植物体内携带养分的数量或能力。

07.101 养分高效植物 nutrient efficient plant
在土壤中某些养分有效性较低条件下,能够有效吸收这些养分的植物。

07.102 向量分析[诊断]法 vector analysis
根据植物体内养分浓度或养分含量和植物生长量来评估多种养分相互关系、效应及

亏缺程度的定量图解体系。

07.103 养分流 nutrient flow
生态系统中养分以一定数量由一个库转移到另一个库的过程。

07.104 物质迁移 material migration
物质在一定生态系统内部或系统间的移动。

07.105 物质流通率 ratio of material flow
生态系统中的物质在单位时间、单位面积或体积的移动量。

07.106 黑箱理论 black box theory
根据生态系统内物质和能量的输入和输出判定某一研究对象在系统中平衡状态的理论。

07.107 匮乏元素 deficient element
植物由于某种营养元素缺乏而引起内部生理变化,致使形态上出现某些症状的元素。

07.108 富集 enrichment
某些物质通过水、大气和生物作用而在土壤或生物体内显著积累的作用。

07.109 表生富集 supergene enrichment
某些物质在土壤表层或陆地表层的相对聚积的过程。

07.110 生物富集 biological enrichment
土壤中某些物质通过生物作用相对聚积的过程。

07.111 良性循环 beneficial cycle
生态系统中生物与环境间物质循环呈持续发展的过程。

07.112 恶性循环 vicious cycle
生态系统中生物与环境间物质循环呈不良发展的过程。

07.113 通量 flux

单位时间内物质或能量从一个储存库转移到另一储存库的转移量。

07.114 土壤输入 soil influx
在一定时间和范围内物质从大气、地壳、生物及通过人为作用而进入土壤。

07.115 土壤输出 soil outflux
在一定时间和范围内物质以气态、液态或固态移动、生物吸收和人类活动等方式从土壤库中移出。

07.116 土壤信息 soil information
土壤数据经计算机处理、储存、分析、输出、检索等环节而可使用的土壤资料。

07.117 土壤反馈信息 soil feedback information
土壤信息系统将分析、处理和储存的信息传输给用户使用,再将使用结果回收,进行更新,修正的信息。

07.118 土壤系统模型 soil system model
根据土壤系统内在规律,将土壤系统的各部分信息进行简缩、提炼等处理而表达的数学方程。

07.119 分室模型 compartment model
根据土壤生态系统中各分室之间的关系,写出各分室的状态方程,联结成一网络,建立表征系统内部结构的数学方程。

07.120 模拟模型 simulation model
根据系统或过程的特性,按一定规律用计算机程序语言模拟系统原型的数学方程。

07.121 动态模型 dynamic model
含有连续或离散时间变量的数学方程。

07.122 最优化模型 optimum model
为了特定目的将系统原型的某一部分信息简缩、提炼而构成原型的最佳的数学方程。

07.123 土壤演替 soil succession
土壤随外界环境条件和时间的变化而使内在性质发生本质的有规律的更替。

07.124 土壤退化 soil degradation
因自然环境因素不佳和人为利用不当引起土壤肥力下降,植物生长条件恶化和土壤生产力减退的过程。

07.125 土壤耗竭 soil exhaustion
土壤由于超负荷耕种或受自然条件的破坏,养分大量消耗,使肥力减退,植物难以生长的贫瘠化过程。

07.126 土壤培肥 improvement of soil fertility
通过人为生产活动,创建构造良好的土体,培育肥沃耕作层,提高土壤肥力和生产力的过程。

07.127 土壤熟化 anthropogenic mellowing of soil
通过耕作培肥和改良土壤等技术措施,以提高土壤肥力和改善植物生长条件的过程。

07.128 土壤层段 soil segment
根据土壤形态特征和物理、化学性质按土壤垂直部位划分的间隔。

07.129 填土动物穴 crotovina, krotovina
一土层中的动物穴被另一土层的土壤物质所填充而呈颜色明显不同的穴道。

07.130 蚁道 ant channel
土壤中由蚁类挖掘的通往蚁巢的通道。

07.131 蚁堆 ant mound
蚁类在地面筑巢形成的小丘状堆积物。

07.132 鼠墩 Mima mound
鼠类在土中打洞挖出的土堆起的土丘。

07.133 灌丛小土丘 coppice knoll
沿沙漠灌丛周围形成的稳定的小土丘。

07.134 根拱小土墩 cradle knoll
被树根拱起而使地面抬高形成的土丘。

07.135 土壤肥力学说 theory of soil fertility
关于土壤肥力的形成、决定因素及其相互关系、培肥理论和技术体系的学说。

07.136 自然肥力 natural fertility
由自然因素形成的土壤所具有的肥力。

07.137 人为肥力 anthropogenic fertility
由耕作、施肥、灌排、改土等人为因素形成的土壤所具有的肥力。

07.138 潜在肥力 potential fertility
受环境条件和科技水平限制暂不能被植物利用，但在一定条件下可转化成为有效的那部分肥力。

07.139 有效肥力 effective fertility
又称"经济肥力"。在一定农业技术措施下反映土壤生产能力的那部分肥力，亦即自然肥力与人为肥力的总和。

07.140 土壤肥力分级 soil fertility grading
根据土壤肥力有关标准项目的数量和质量的综合评定来划分土壤肥力的等级。

07.141 土壤肥力指标 soil fertility index
影响土壤肥力的有关性质、特征的定量标准。

07.142 土壤肥力等级 soil fertility grade
对土壤肥力水平高低划分的级别。

07.143 土壤肥力级差 gradational difference of soil fertility
土壤肥力各级别综合评级指标间的差值。

07.144 土壤肥力评价 soil fertility evaluation
根据土壤肥力各指标、特性的数量和质量，对土壤肥力综合水平的评定。

07.145 土壤肥力保持 soil fertility maintenance
保护、提高土壤肥力以防止肥力减退的过程。

07.146 土壤肥力减退 soil fertility diminution
由于自然因素和人为活动的影响导致土壤肥力水平降低的现象。

07.147 土壤肥力因子 soil fertility factor
影响植物正常生长发育的土壤因子。如水、肥、气、热等，有时仅指养分。

07.148 土壤肥力特征 characteristics of soil fertility
用野外描述或实验室分析数据表达的有关土壤肥力的性质和指标。

07.149 土壤肥力图 soil fertility map
反映土壤肥力诸因素(养分为主)的分级指标和区界的图件。

07.150 土壤肥力监测 soil fertility monitoring
对土壤肥力指标进行定位的动态测定。

07.151 土壤肥力管理 soil fertility management
对特定区段土壤为调节和改善其肥力特性而制定的技术措施。

07.152 土壤复原 soil restoration, soil rehabilitation
把土壤类型和肥力特性恢复到人类破坏利用前的状态。

07.153 土壤质量 soil quality

与土壤利用和土壤功能有关的土壤内在属性。

07.154 土壤生产力 soil productivity
土壤产出农产品的能力。

07.155 土壤生产力分级 soil productivity grading
根据土壤性质量度及其环境因素与农产品产量与质量之间的关系划分的评定土壤质量优劣和生产力高低的等级。

07.156 土壤承载力 soil bearing capacity
一个区域的土壤所生产的农产品能供养人口数量的能力。

07.157 保肥性 nutrient preserving capability
土壤吸持和保存植物养分的特性。

07.158 供肥性 nutrient supplying capability
土壤能够持续供给植物有效养分的性能。

07.159 保水性 water preserving capability
土壤吸收和保持水分的能力。

07.160 供水性 water supplying capability
土壤能够持续供给植物生长发育所需有效水的性能。

07.161 生土 raw soil
未耕垦熟化的土壤和耕层以下肥力很低的心土或底土。

07.162 熟土 mellow soil
通过耕作、施肥等农业技术措施改善土壤物理性质及养分状况,有效肥力高而持久的土壤。

07.163 生土层 raw soil layer
生土占据的土壤层段。

07.164 熟土层 mellow soil layer

耕层已经熟化的熟土层段。

07.165 肥土 fertile soil
养分丰富和理化性质良好的肥沃土壤。

07.166 瘠土 infertile soil
养分缺乏和理化性质差的贫瘠土壤。

07.167 土壤障碍因子 soil constraint factor
土体中妨碍植物正常生长发育的性质或形态特征。

07.168 病土 problem soil
受某种土壤障碍因子影响致使生产能力低的土壤。

07.169 土宜 soil suitability
土壤及其立地条件对特定栽培植物的生长发育和经济性状的适宜状况。

07.170 养地作物 crop of improving soil fertility
具有固氮能力或能提供充足有机残体以培肥土壤的作物。

07.171 耗地作物 crop of depleting soil fertility
能够吸收大量土壤养分、消耗地力,并使土壤理化性质恶化的植物。

07.172 保土作物 soil-conserving crop
具有固土根系和护土树冠层及茂密枝叶的农作物和经济植物。

07.173 土壤耕作 soil tillage
农机具对土壤进行耕翻、整地、中耕、培土等田间作业。

07.174 土壤耕性 soil tilth
有关土壤耕作难易,影响幼苗萌芽及作物根系生长的土壤物理性质。

07.175 适耕性 soil workability

又称"宜耕性"。土壤结持状态及含水量范围适于耕作的特性。

07.176 土壤抗逆性 soil adversity resistance
土壤具有抵抗外界不良环境条件(热、寒、涝、旱、瘠、病)的性能。

07.177 深耕 deep ploughing
用机引犁或松土铲翻耕深厚表土(> 22cm)的耕作技术。

07.178 浅耕 shallow ploughing
土壤耕翻深度较浅的(< 18cm)耕作技术。

07.179 免耕 no-tillage, zero tillage
茬地不进行耕翻、整地而直接开沟、施肥、播种的耕作技术。

07.180 少耕 minimum tillage
在一定土壤和气候条件下,采用最少的土壤耕作,获得最佳的作物产量。

07.181 茬地 stub land
作物收割后留有残茬的耕地。

07.182 留茬耕作 stubble mulch farming
在茬地上进行局部耕作、播种,保留残茬覆盖地面的耕作技术。

07.183 残茬覆盖 stubble mulch
少耕(或免耕)农田地面常年留茬覆盖。其目的是蓄水保墒,防止冲刷和保持土壤肥力。

07.184 保土耕作 conservation tillage
免耕、少耕和留茬耕作等以保持土壤为目的的耕作技术的总称。

07.185 垦殖耕作 plantation plowing
对生荒地进行开垦、种植的耕作技术。

07.186 耗竭耕作 exhaustion cropping
不断消耗土壤养分而不采取培肥措施的耕

作技术。

07.187 可垦地 reclaimable land
可以开垦种植作物而不需重大改良措施的荒地。

07.188 可耕地 tillable land
可以开发耕种农作物的土地。

07.189 弃耕地 abandoned field
耕地肥力减退而停止耕种,任其荒芜的土地。

07.190 弃耕地演替 succession on abandoned field
耕地撩荒后生长的植物群落发生有规律的随时间延长而更替的现象。

07.191 休闲地 fallow field
农田在一定季节或整年不种农作物以恢复土壤肥力的耕地。

07.192 半休闲地 occupied fallow field
在一年中的一定季节内不种作物的耕地。

07.193 集约种植 intensive cultivation
一定面积土地上集中投入较多生产资料、劳力和新农业技术措施,进行精耕细作以提高作物单产和经济效益的种植方式。

07.194 土壤环境 soil environment
土壤提供人类及陆地生物生存的环境条件。

07.195 土壤环境因子 soil environment factor
土壤中影响生物生存的因素。如水、热、气及有害物质等。

07.196 土壤环境容量 soil environment capacity
在一定区域一定期限内不使环境污染,保证植物正常生长时土壤可能容纳污染物的最大负荷量。

07.197 土壤环境质量 soil environment quality

土壤环境因子对人类及陆地生物的生存和繁衍的适宜程度。

07.198 土壤环境质量评价 soil environment quality assessment

按一定原则和标准对区域土壤环境质量进行的评定。

07.199 土壤环境监测 soil environment monitoring

又称"土壤污染监测(soil pollution monitoring)"。以防治土壤污染物危害为目的,对土壤污染程度、发展趋势的动态分析测定。

07.200 土壤环境指示物 soil environment indicator

能够反映土壤环境条件和生物生存状况的标志物。

07.201 土壤环境保护 soil environment protection

合理开发利用土壤资源和防止土壤环境污染措施的总称。

07.202 土壤环境工程 soil environment engineering

为防治土壤污染和合理利用土壤资源而应用的工程技术措施。

07.203 土壤元素背景值 background value of soil element

又称"土壤本底值"。在一定区域内相对不受污染的土壤中元素的平均浓度。

07.204 土壤污染 soil pollution

对人类及动、植物有害的化学物质经人类活动进入土壤,其积累数量和速度超过土壤净化速度的现象。

07.205 农药污染 pesticide pollution

农药进入土壤并积累到一定程度对土壤生态环境造成危害的现象。

07.206 肥料污染 fertilizer pollution

肥料进入土壤后,其残留物积累到一定程度时对土壤生态环境造成危害的现象。

07.207 土壤放射性污染 soil radioactive contamination

放射性物质进入土壤而产生的污染现象。

07.208 土壤污染物 soil pollutant

引起土壤污染的重金属、放射性物质、农药及危害人畜健康的病原微生物等物质。

07.209 生化需氧量 biochemical oxygen demand, BOD

又称"生物需氧量"。水体中微生物分解有机物所消耗的溶解氧的量。

07.210 化学需氧量 chemical oxygen demand, COD

水体中的物质经化学氧化所消耗的氧化剂的量。

07.211 酸雨 acid rain

溶解大气中二氧化硫及氮氧化物等污染物而降落的酸性雨水($pH \leqslant 5.6$)。

07.212 温室气体 greenhouse gasses

能被太阳长波辐射强烈吸收而导致温室效应的气体。如 CO_2、CH_4、N_2O、O_3、氯氟烃等。

07.213 温室效应 greenhouse effect

人类活动频繁引起大气中二氧化碳等温室气体不断增加,妨碍地面热量向大气扩散而使气温升高的现象。

07.214 土壤污染负荷 soil pollution load

土壤污染物中污染因子的浓度与日排放污染物数量之乘积。

07.215 土壤污染指数 soil pollution index
土壤中污染物实测值与其标准值的比值。用来划分土壤污染等级。

07.216 土壤单项污染指数 individual pollution index of soil
以某一土壤污染物因子作为评价对象的污染指数。

07.217 污染物累积指数 accumulation index of pollutants
土壤多种污染物的实测值与标准值比较,反映各污染物不同危害程度的综合污染指数。它用来评价土壤环境质量。

07.218 污水灌溉 sewage irrigation
利用城镇污水及工矿废水灌溉农田。

07.219 活性污泥 activated sludge, activated sewage
含有净化废水所用的微生物群体及其所吸附的有机物质和无机物质的总体。

07.220 活性污泥处理 activated sludge treatment
在污水中加入活性污泥,经混匀、曝气使污

水中有机物质被活性污泥吸附、氧化、分解、沉淀,将污染物在沉淀池中分离出来,从而使污水净化的处理过程。

07.221 生物处理 biological treatment
利用微生物分解污水中的有机物质使之成气体逸散的污水处理方法。

07.222 富营养化 eutrophication
营养物质不断进入水域(如江、河、湖、海)而使浮游生物超常繁殖的水体污染过程。

07.223 贫营养化 oligotrophication
陆地水域因缺乏营养物质以致浮游生物减少的过程。

07.224 土壤自净 soil self-purification
土壤通过物理、化学和生物作用使进入其中的污染物浓度和毒性降低或消失的过程。

07.225 土壤自净能力 soil self-purification activity
土壤通过对污染物吸附、降解、沉淀、络合等作用以消除污染物的能力。

08. 土壤侵蚀与水土保持

08.001 古代侵蚀 ancient erosion
又称"地质侵蚀(geological erosion)"。人类活动之前发生的侵蚀过程。

08.002 现代侵蚀 recent erosion
人类活动以来发生的侵蚀过程。

08.003 常态侵蚀 normal erosion
又称"自然侵蚀(natural erosion)"。在自然条件下,未受到人类活动影响所发生的侵蚀过程。

08.004 加速侵蚀 accelerated erosion
人类活动破坏自然生态平衡后,侵蚀速率超过自然侵蚀速率的过程。

08.005 隐匿侵蚀 concealed erosion
在水或溶液的淋溶作用下发生养分流失的侵蚀过程。

08.006 潜在侵蚀 potential erosion
在一定条件下有可能诱发的侵蚀。

08.007 人为侵蚀 erosion by human activities

由人类活动引起的各种侵蚀过程。

08.008 黄土高原 loess plateau
第四纪以来由深厚黄土沉积物形成发育具
有特殊地貌类型的自然区域。

08.009 黄土地貌 loess landform
在黄土高原主要由塬、梁、峁组成的特殊地
形。

08.010 黄土丘陵 loess hill
在黄土高原因侵蚀切割形成由梁、峁、丘陵
和沟谷组成的地形。

08.011 漫岗 rolling hill
波状起伏的低缓丘陵。

08.012 水蚀 erosion by water, water erosion
在降水、径流等水力作用下发生的侵蚀过
程。

08.013 降雨侵蚀 rainfall erosion
降雨动能作用下发生的侵蚀过程。

08.014 雨滴侵蚀 raindrop erosion
又称"溅蚀(splash erosion)"。降雨雨滴动
能作用于地表发生土壤颗粒位移的过程。

08.015 暴雨侵蚀 rainstorm erosion
暴雨作用下的突发性强烈侵蚀过程。

08.016 流水侵蚀 runoff erosion
在地表径流作用下发生的侵蚀过程。

08.017 洪水侵蚀 flood erosion
洪水作用下的暴发性侵蚀过程。

08.018 融雪侵蚀 snowmelt erosion
融雪径流作用下的侵蚀过程。

08.019 灌溉侵蚀 irrigation erosion
因漫灌冲刷地面引起的侵蚀。

08.020 冲蚀 scouring erosion
地面集中水流引起的侵蚀。

08.021 溶蚀 corrosion
在水的作用下引起土体内元素的溶解和迁
移引起的侵蚀。

08.022 风蚀 erosion by wind
又称"吹蚀(wind blowout erosion)"。以风
为外营力作用于地面而引起尘土、沙的飞
扬、跳跃和滚动的侵蚀过程。

08.023 吹扬 wind drift
在风力作用下地面细颗粒物质被吹起在空
中飘移的现象。

08.024 磨蚀 wind abrasion
由风力挟带快速运行的沙粒作用于土壤或
土体,因磨擦而发生颗粒位移,使侵蚀表面
出现平行于风向的擦痕。

08.025 尘暴 dust storm
因强风挟带地面细颗粒物质在空中飘移的
尘土流。

08.026 沙暴 sand storm
因强风挟带地面沙粒在空中飘移的现象。

08.027 流沙 drift sand
因强风吹扬而降落的沙粒物质或因风力而
跳跃滚动的沙粒沉积物质。

08.028 沙垄 sand ridge
因强烈风蚀搬运形成垄状堆积的流沙。

08.029 沙丘 sand dune
因强烈风蚀搬运形成具有明显的迎风坡和
背风坡,呈新月形丘状堆积的流沙。

08.030 沙漠 desert
为流沙、沙丘所覆盖的地区。

08.031 戈壁 gobi
地面一般无植物生长,主要由冲积、洪积砾

石或残积碎石所覆盖的地区。

08.032 荒漠化 desertification
(1)在干旱和半干旱地区,因人为活动和气候的影响使土地贫瘠化和沙漠化的过程。
(2)由于人类活动影响产生类似荒漠景观的环境退化[过程]。

08.033 流动沙丘 moving dune
无植被覆盖,全部为流沙形成的丘状堆积物。

08.034 半固定沙丘 semifixed dune
部分为植被覆盖并固定的沙丘。

08.035 固定沙丘 fixed dune
大部为植被覆盖和固定而不再流动的沙丘。

08.036 风障 wind break
用于减缓风力侵蚀设置的障碍物。

08.037 风蚀残墩 soil residues by wind erosion
因风蚀作用残留在原地的土墩。

08.038 风蚀类型 wind erosion type
表示风蚀的不同方式和类别。

08.039 风蚀灾害 wind erosion hazard
因风蚀引起尘暴,沙暴,致使环境干旱、作物遭流沙掩埋或根系出露而死亡等灾害。

08.040 风蚀强度 wind erosion intensity
单位面积和单位时间内的土壤风蚀量。

08.041 风蚀等级 wind erosion class
表示风蚀强度大小的等级划分。

08.042 风蚀预报 wind erosion prediction
根据风力与下垫面作用的风蚀量进行预报。

08.043 风蚀预报方程 wind erosion prediction equation
根据影响风蚀量的各个因子参数而建立的数学预报方程。

08.044 风蚀预报模型 wind erosion prediction model
预报风蚀量而建立的数学模型和田间模型。

08.045 重力侵蚀 gravitational erosion
在重力作用下而发生土体的位移、搬运和堆积的侵蚀过程。例如崩塌、泻溜、滑坡等。

08.046 泻溜 earth-debris flow
裸露斜坡上的岩土碎屑在自重作用下顺坡向下滚落的现象。

08.047 崩塌 collapse
岩体或土体在自重作用下,向临空面突然崩落的现象。

08.048 崩岗 collapsing hill
水力和崩塌作用形成特定地貌"岗"的一种侵蚀形态。

08.049 滑塌 slide
在重力和水力综合作用下,岩体或土体向临空面发生整体下滑和坠落现象。

08.050 滑坡 slip, landslide
在重力和水力综合作用下,土体或岩体整体下滑和位移现象。

08.051 泥石流 mud and rock flow
由大量泥沙、石块和水组成的混合流体发生突发性快速运移现象。

08.052 泥流 mud flow, solifluction
一种泥与水混合流体快速运移现象。

08.053 冻融侵蚀 freeze-thawing erosion
土体和岩体因反复冻融作用而破碎并发生

移动引起的侵蚀。

08.054　冰川侵蚀　glacier erosion
因冰川作用挟带的土体或岩体发生移动引起的侵蚀。

08.055　洞穴侵蚀　cave erosion
地面流水沿土体裂隙、根孔、动物穴下渗时发生溶蚀、潜蚀、淘涮贯穿以及重力等作用而形成具有出口的各种洞穴的侵蚀过程。

08.056　陷穴　sink hole
发生在平缓地形边缘或低洼部位的侵蚀洞穴。

08.057　跌穴　falling cave, doline
出现于沟头跌水部位下部和切沟沟槽底部的侵蚀洞穴。

08.058　串珠洞穴　catenulate hole
沟床部位发育的数个跌穴的地下部位由一条穴道贯通而形成。

08.059　水涮窝　washing hole
地面集流通过沟头壁淘蚀成窝状的半圆形洞穴。

08.060　剥蚀　denudation
岩体或土体在风化作用下被破坏并经水力、风力等搬运的侵蚀过程。

08.061　土壤侵蚀类型　soil erosion type
在水力、风力、重力等侵蚀营力及其作用下所形成的各种侵蚀的类别。

08.062　片蚀　sheet erosion
地表土壤颗粒被薄层水流均匀分离和搬运的侵蚀过程。

08.063　面蚀　surface erosion
降水和径流对地表土体分离和搬运的一种侵蚀方式。一般包括溅蚀、片蚀和细沟侵蚀。

08.064　鳞片状侵蚀　squamose erosion
发生在牧荒地上形似鱼鳞状分布的片蚀现象。

08.065　线状侵蚀　linear erosion
地面被流水切割成大小不等的沟状侵蚀。

08.066　坡面侵蚀　slope erosion
在坡面上发生的一切侵蚀现象。

08.067　细沟侵蚀　rill erosion
坡面上线形小股水流将地面冲蚀成宽深一般不超 20cm 的沟状侵蚀。

08.068　细沟间侵蚀　interrill erosion
发生在坡面上细沟与细沟之间的面蚀。

08.069　浅沟侵蚀　shallow gully erosion
坡耕地上发展的沟状集流侵蚀过程。浅沟横断面呈弧形，无明显沟缘，深不超过 0.5m，不妨碍耕作。

08.070　切沟侵蚀　gully erosion
集中径流将坡面切割成纵断面，具有明显的沟缘、沟床和沟头的沟状侵蚀。

08.071　沟谷侵蚀　gully and valley erosion
沟道纵断面与坡面不一致的沟状侵蚀。

08.072　纹沟　ripple
坡面线状水流将地表刻划成细小的沟迹。

08.073　细沟　rill
由细沟侵蚀在坡上冲成宽深一般不超过 20cm 的小沟。

08.074　浅沟　shallow gully
由浅沟侵蚀冲成沟断面呈弧形，无明显沟缘，深不超过 0.5m 的小沟。

08.075　切沟　gully
由切沟侵蚀在坡面切割成具有明显沟缘、沟床和沟头的沟。

08.076　悬沟　hanging gully
陡崖上由下泄水流冲刷而形成的垂直沟道。

08.077　盲沟　blind gully
发育在梁、峁坡中部,其沟头和沟尾与其他沟道不连贯的沟道。

08.078　冲沟　valley
由沟谷侵蚀形成的沟道断面与坡面不一致沟道。

08.079　干沟　main stream gully
沟道水路网中的主沟道。

08.080　支沟　branch gully
沟道水路网中主沟道的分支沟。

08.081　土壤侵蚀方式　soil erosion pattern
土壤侵蚀过程中因外营力和下垫面差异发育形成的各种侵蚀形态。

08.082　溯源侵蚀　headward erosion
坡面集流在沟头形成跌水的强力冲刷作用下,沟头向上发展延伸的侵蚀过程。

08.083　下切侵蚀　down-cutting erosion
又称"垂直侵蚀"。沟谷沟床在流水作用下向深度发展的侵蚀过程。

08.084　侧向侵蚀　lateral erosion
流水对沟谷两岸的侵蚀过程。

08.085　道路侵蚀　road erosion
道路集流对地面的侵蚀。

08.086　跌水侵蚀　waterfall erosion
斜坡陡崖集流形成跌水对崖壁及地面的冲蚀。

08.087　羊道侵蚀　sheep-path erosion
羊群践踏放牧地形成集流小道的侵蚀现象。

08.088　土壤侵蚀因素　soil erosion factor
影响土壤侵蚀发生、发展的自然因素(如气候、地质、地貌、土壤、植被等)、人为因素(如开垦、毁林、毁草、开矿、工程建设等)、社会因素(如人口、政策、法规、社会经济等)和环境因素(如水、土地、河流的演变等)。

08.089　土壤侵蚀营力　soil erosion agency
导致土壤侵蚀的内营力和外营力。

08.090　土壤侵蚀内营力　endogenic agency of soil erosion
土壤抵抗侵蚀或易受侵蚀的作用力。

08.091　土壤侵蚀外营力　exogenic agency of soil erosion
对土体产生破坏、搬运的作用力。指风力、雨滴打击力、径流冲刷力等。

08.092　水力　water agency
对土体产生破坏、搬运的水作用力。如不同雨型的雨强、降雨径流、洪水径流、融雪径流等的水力。

08.093　风力　wind agency
对土体产生破坏和搬运的风作用力。包括风速、风向、大风频率等。

08.094　重力　gravitational agency
影响侵蚀的重力作用。

08.095　土壤侵蚀分类　soil erosion classification
按土壤侵蚀的营力、类型或强度的异同进行科学划分。

08.096　土壤侵蚀分类原则　principle of soil erosion classification
按土壤侵蚀的成因、营力类型、强度等指标的异同进行侵蚀分类的基本原则。

08.097　土壤侵蚀分类系统　classification

system of soil erosion

在侵蚀分类原则基础上按侵蚀营力,侵蚀类型,侵蚀强度和侵蚀程度建立的分类系统。

08.098 土壤侵蚀因子参数 soil erosion factor parameter

对不同地形、不同土地利用情况下进行侵蚀量评价或预报的各个变量因子。包括降雨因子、坡度因子、坡长因子、土壤因子、作物管理因子和水土保持措施因子等。

08.099 土壤侵蚀指标 soil erosion index

划分或判别土壤侵蚀强度或程度的标准。

08.100 土壤侵蚀程度 soil erosion degree

土壤侵蚀发展相对阶段或相对强度的差异。

08.101 土壤侵蚀强度 soil erosion intensity

单位面积和单位时间内土壤的流失量。

08.102 土壤侵蚀模数 soil erosion modulus

以每年每平方公里的土壤流失量表示的土壤侵蚀强度($t/km^2 \cdot a$)。

08.103 沟道密度 gully density

每平方公里内分布的沟道的总长度。以km/km^2表示。

08.104 地面割裂度 surface dissected degree

每平方公里内沟道分布的面积占土地总面积的百分数。

08.105 土壤侵蚀制图 mapping of soil erosion

根据一定地理区域内侵蚀类型、强度等异同编制不同比例尺的图件。

08.106 土壤侵蚀类型图 soil erosion type

map

根据侵蚀营力和侵蚀形态而编制的图件。

08.107 土壤侵蚀强度图 soil erosion intensity map

根据侵蚀模数等级区分编制的图件。

08.108 土壤侵蚀分区图 soil erosion division map

根据土壤侵蚀类型、强度及治理对策的区域性分异而编制的图件。

08.109 土壤侵蚀遥感制图 soil erosion mapping by remote sensing

以遥感图像为信息源编制在关土壤侵蚀的专题图件。

08.110 土壤侵蚀分布 soil erosion distribution

土壤侵蚀类型和强度在空间分布上的分异。

08.111 侵蚀垂直分布 vertical distribution of erosion

丘陵山区自分水岭至沟底或河床土壤侵蚀类型和强度的垂直分异。

08.112 侵蚀水平分布 horizontal distribution of erosion

土壤侵蚀类型和强度随纬度变化的分布规律。

08.113 侵蚀区域分布 regional distribution of erosion

表明区域间的差异性和区域内的一致性的土壤侵蚀的地域分异。

08.114 土壤侵蚀模拟 soil erosion simulation

应用人工模拟方法进行土壤侵蚀的试验研究。

08.115 土壤侵蚀人工降雨模拟 artificial

rainfall simulation of soil erosion

应用人工降雨装置进行的土壤侵蚀模拟试验研究。

08.116 土壤侵蚀田间模型 soil erosion field model

通过田间试验和侵蚀量的实地测算建立的数学方程。

08.117 土壤侵蚀数学模型 soil erosion mathematical model

以田间试验为基础,通过土壤侵蚀因子参数与侵蚀量相关性分析建立的数学方程。

08.118 土壤侵蚀预报模型 soil erosion prediction model

预报土壤流失量的土壤侵蚀数学模型。

08.119 土壤侵蚀预报方程 soil erosion prediction equation

通过土壤流失量与侵蚀因子相关性实验数据统计分析建立的预报方程。

08.120 通用土壤流失方程 universal soil loss equation, USLE

坡耕地土壤流失量的预报方程 A = RKLSCP。式中:A 为土壤流失量,R 为降雨,K 为土壤可蚀性,L 为坡长,S 为坡度,C 为作物管理,P 为水保措施。

08.121 土壤水蚀预报项目 water erosion prediction program, WEPP

主要通过土壤水蚀与有关因子物理成因的定量分析,建立数学预报模型。

08.122 土壤侵蚀调查 soil erosion survey

又称"水土流失调查"。实地或借助地形图和遥感图像,查明土壤侵蚀类型及强度的时空分布规律。

08.123 土壤侵蚀监测 soil erosion monitoring

采用径流小区、遥感图像等方法对土壤侵蚀时空演变进行定性定量的动态监测。

08.124 土壤侵蚀遥感监测 soil erosion monitoring by remote sensing

应用地理信息系统(GIS)、遥感(RS)、全球定位系统(GPS)动态监测土壤侵蚀时空演变和定量分析。

08.125 土壤侵蚀信息系统 soil erosion information system

应用田间试验和遥感数据并借助计算机处理建立的土壤侵蚀信息源系统。

08.126 土壤侵蚀过程 soil erosion process

土壤侵蚀发生、发展和演变的全过程。例如雨滴侵蚀、片蚀、细沟侵蚀的发生、演变等过程。

08.127 土壤侵蚀规律 soil erosion regular

土壤侵蚀发生、发展与侵蚀因子的相关性和时空特征。

08.128 土壤侵蚀效应 soil erosion effect

土壤侵蚀过程对生态环境变化的影响和结果。

08.129 土壤侵蚀污染 soil erosion pollution

因土壤侵蚀物质搬运而造成污染源的扩散。

08.130 土壤侵蚀危害 soil erosion damage

因土壤侵蚀造成的系列不良后果。例如土壤退化、泥沙淤积及生态环境恶化等。

08.131 土壤侵蚀灾害 soil erosion hazard

因土壤侵蚀激发或加剧的自然灾害。例如干旱、洪水、滑坡、泥石流灾害等。

08.132 土壤侵蚀潜在危险 soil erosion potential danger

地面生态平衡失调后可能出现的土壤侵蚀危险程度。土层愈薄,潜在危险程度愈大。

08.133　侵蚀地貌　erosion landform
因侵蚀作用而形成起伏破碎的地形。

08.134　侵蚀土地　eroded land
遭受侵蚀破坏的土地。

08.135　侵蚀劣地　erosion badland
因侵蚀而造成贫瘠化难以利用的土地。

08.136　侵蚀土壤　eroded soil
遭受侵蚀作用后残留的土壤。

08.137　侵蚀土壤剖面　erosion soil profile
遭受侵蚀作用后原地残留的土壤剖面。

08.138　侵蚀基准面　erosion basis
决定某一河段或流域下切侵蚀发展的临界面。

08.139　侵蚀速率　erosion rate
某一时段内侵蚀的发展速度。

08.140　侵蚀比率　erosion ratio
不同时段、不同空间侵蚀速率的比较。

08.141　侵蚀力学　erosion mechanics
侵蚀外营力和侵蚀内营力力学的总称。

08.142　侵蚀环境　erosion environment
因侵蚀而形成特殊的地貌景观和生态系统。

08.143　土壤流失　soil loss
因侵蚀(主要是水蚀作用)造成的土壤流失。

08.144　土壤流失量　soil loss amount
一定时空范围内土壤的流失量。

08.145　土壤流失估算　soil loss estimation
依据土壤流失量测定值对类似地区的外推估算。

08.146　允许土壤流失量　soil loss tolerance
土壤侵蚀速度与成土速度相平衡,或长期内保持土壤肥力和生产力不下降情况下的最大土壤流失量。

08.147　土壤蠕动　soil creep
斜坡上土壤的含水量达流限状态时,土体发生缓慢移动的现象。

08.148　土壤可蚀性　soil erodibility
土壤对侵蚀的敏感性,或土壤对侵蚀抵抗力的倒数。

08.149　土壤可蚀性指标　soil erodibility index
确定土壤对侵蚀敏感性的有关理化性质,或通过专门方法所得的不同土壤的侵蚀量测定值。

08.150　土壤可蚀性诺漠图　soil erodibility value nomograph map
表明土壤可蚀性的土壤粉粒、砂粒、团粒结构、有机质的含量及土壤入渗率5项指标与标准小区测得的侵蚀量指标结合起来编制的坐标图。

08.151　土壤可蚀性参数　soil erodibility parameter
由标准小区所测得土壤可蚀性 K 值定为1,通过诺漠图查得的未知土壤的 K 值。

08.152　土壤抗冲性　soil antiscouribility
土壤抵抗径流或集中股流冲刷的能力。

08.153　土壤抗蚀性　soil antierodibility
土壤抵抗雨滴打击和径流分散的能力。

08.154　降雨量　rainfall amount
一定时空范围内,专门容器测得的降雨量(mm)。

08.155　降雨强度　rainfall intensity
单位时间内的降雨量。以 mm/min 或 mm/h 表示。

08.156 降雨侵蚀力 rainfall erosivity
雨滴动能和降雨强度两个特征值的乘积。

08.157 降雨侵蚀力指标 rainfall erosivity index
降雨侵蚀力和侵蚀量的相关值。通用土壤流失方程以雨滴动能(E)和最大 30 分钟降雨强度(I_{30})作为降雨侵蚀力(R)指标。

08.158 降雨侵蚀力参数 rainfall erosivity parameter
降雨侵蚀力(R)因子的数值。

08.159 雨滴 raindrop
自云中向地面降落的水滴。

08.160 雨滴动能 raindrop kinetic energy
雨滴降落时所产生的能量,根据雨滴大小和其降落速度的计算公式求得。

08.161 雨滴打击能量 raindrop impact energy
雨滴降落打击地面时雨滴消耗的动能。

08.162 雨滴击溅量 raindrop splash amount
应用特制击溅盘测定雨滴击溅时飞溅土壤颗粒的量。

08.163 雨滴击溅角度 raindrop splash angle
雨滴离开溅蚀体飞溅空中与水平方向的夹角。

08.164 雨滴大小 raindrop size
雨滴的直径。常用滤纸色斑法测定,是测定雨滴动能的特征值。

08.165 雨滴大小分布 raindrop size distribution
单位面积滤纸上各个雨滴色斑的分布。

08.166 降雨截流 rainfall interception

在斜坡上截留降雨而不发生流失的现象。

08.167 降雨入渗 rainfall infiltration
降雨入渗于土壤的现象。

08.168 模拟降雨装置 rainfall simulator
进行人工降雨的设备装置。

08.169 人工降雨 anthropogenic rainfall, rainfall simulation
应用特制的仪器设备进行的降雨。

08.170 径流侵蚀力 runoff erosivity
地表径流对土壤表面产生的切应力。

08.171 径流动能 runoff kinetic energy
对侵蚀发生作用的径流的流速和紊动能量。

08.172 径流 runoff
降雨超过土壤入渗量时产生的地表水流。

08.173 地表径流 surface runoff
未进入土壤沿地表流动的水流。

08.174 液体径流 liquid runoff
不含固体物质的液相径流。

08.175 固体径流 solid runoff
含有泥沙等固体物质的径流。

08.176 临界径流 critical runoff
降雨过程中开始发生土壤侵蚀的最小径流量。

08.177 化学径流 chemical runoff
含有可溶性化学物质的径流。

08.178 径流汇集 runoff gathering
因地形而形成汇集的径流。

08.179 径流因子 runoff factor
影响径流发生和变化的因子。

08.180 超渗径流 exceed-infiltration

runoff

雨水降落地面尚未达到土壤入渗量就发生的径流。

08.181 蓄满径流 saturated infiltration runoff

雨水降落地面土壤入渗量达饱和状态时发生的径流。

08.182 入渗量 infiltration capacity

由雨型和土壤渗透性能决定的降雨入渗量。

08.183 入渗曲线 infiltration curve

随雨型和时间变化的入渗过程。

08.184 壤中流 subsurface flow

土壤剖面中入渗的土壤水转为渗出的水流。

08.185 坡度 slope gradient

08.186 陡坡 steep slope

根据某一地区地面坡度总的情况而确定的相对陡、缓的坡度界限。例如中国多以大于25°为陡坡，15°以下为缓坡。美国确定大于8°为陡坡。

08.187 缓坡 gentle slope

08.188 侵蚀临界坡度 critical erosion slope

发生土壤侵蚀的下限坡度。

08.189 退耕上限坡度 upper limit slope for cultivation

坡耕地必需退耕的最大坡度界限。

08.190 坡长 slope length

08.191 侵蚀临界坡长 critical erosion slope length

发生土壤侵蚀的下限坡长。

08.192 顺坡 up and down slope

平行于斜坡方向，沿斜坡自上而下。

08.193 顺坡耕种 up and down slope cultivation

沿斜坡方向进行耕作。

08.194 横坡 transversal slope

垂直于斜坡方向，与斜坡等高线一致。

08.195 横坡耕作 transversal slope cultivation

沿斜坡等高线方向进行耕作。

08.196 淤积 siltation

泥沙经水流搬运至异地的再沉积，通常指坝地的泥沙淤积。

08.197 沉积 sedimentation

沟道河流泥沙运移的再沉积。

08.198 风积 wind deposition

土壤等细颗粒物质经风力搬运后的再沉积。如黄土沉积。

08.199 堆积 accumulation

侵蚀物质经水力、风力、重力作用搬运后堆积的过程。

08.200 泥沙 sediment

流域内岩土类物质经各种侵蚀营力作用、搬运进入河流后的物质。

08.201 产沙量 sediment yield

因侵蚀搬运进入河流的泥沙总量。

08.202 输沙量 sediment discharge

流域某一断面实测的过沙量。以 t 表示。

08.203 含沙量 sediment concentration

河流单位水容积内的泥沙量。以 kg/m^3 表示。

08.204 泥沙输移比 sediment delivery

ratio

流域的某一断面、某一时段实测的输沙量与断面以上全流域的产沙总量之比。

08.205 泥沙质量评价 sediment quality evaluation

河流泥沙理化性质的评估。

08.206 土壤侵蚀综合治理 comprehensive control of soil erosion

采取农业、生物及工程等综合技术措施进行土壤侵蚀的治理。

08.207 水土流失 soil and water loss

通常指在水蚀地区因侵蚀营力而造成水与土从原地流失。

08.208 城市水土流失 urban soil and water loss

城市建设过程中,因土地开发、采石、筑路、建房、架桥、引水、排水工程等所引发的水土流失。

08.209 城市水土保持 urban soil and water conservation

针对城市化建设过程中新的水土流失的预防和治理,同时对原有侵蚀环境的整治及城市周围地区的水土保持和环境的绿化美化。

08.210 水土保持调查 soil and water conservation survey

实地并借助遥感图像等技术,查明水土保持现状及实施水土保持的自然、社经背景等。

08.211 水土保持区划 soil and water conservation regionalization

按实施水土保持地域性的异同进行科学的区域划分。

08.212 水土保持规划 soil and water conservation planning

按特定区域和特定时段制定水土保持的总体部署和实施安排。

08.213 水土保持数据库 data base of soil and water conservation

将各项水土保持措施实施及其效益的各种要素数据,按一定数据结构,输入计算机内建立的数据集合。

08.214 水土保持专家系统 expert system of soil and water conservation

为某一地区水土保持实施经验、科学数据的综合分析而建立的计算机管理系统。它可外推,并指导其他地区的水土保持工作。

08.215 水土保持法 law of soil and water conservation

国家制定颁布的水土保持法令。

08.216 水土保持法规 laws and regulations of soil and water conservation

国家制定和颁布的"水土保持工作条例"、"水土保持纲要"和"水土保持法"的统称。

08.217 水土保持工作条例 act of soil and water conservation

国家制定和颁布的实施水土保持具体规定和细则。

08.218 水土保持效益 soil and water conservation benefit

实施水土保持所取得的生态、经济和社会效益。

08.219 水土保持生态效益 ecological benefit of soil and water conservation

实施水土保持后所取得的保水、保土、减沙效益,植被恢复和重建的生态效益及防灾减灾效益等。

08.220 水土保持经济效益 economic benefit of soil and water conservation

实施水土保持后所取得的农、林、牧生产发

展,产值增加,人均收入提高及促进乡镇企业发展等经济效益。

08.221 水土保持社会效益 social benefit of soil and water conservation
实施水土保持后对全社会资源环境保护和持续利用,工农业的协调发展,乃至人类的生存和发展及社会进步的效益。

08.222 水土保持产业 soil and water conservation industry
通过水土保持活动发展起来的具有一定规模的产业化、商品化经济。

08.223 小流域 small watershed
山地、丘陵、低岗地区一个独立完整的集水区。我国小流域面积都以小于 100km² 为限,以 5—30km² 占多数。美国规定小流域面积小于 1000km²。

08.224 小流域综合治理 small watershed management
以小流域为单元进行水土流失的综合治理和水土保持持续发展。

08.225 小流域经济 small watershed economy
在小流域范围内,通过水土保持活动发展起来的产业化、商品化经济。

08.226 水土保持措施 soil and water conservation measures
实施水土保持的各项技术措施。

08.227 水土保持工程措施 engineering measures of soil and water conservation
为水土保持而实施的水利工程和田间工程措施。

08.228 淤地坝 warp land dam
拦蓄流域侵蚀产沙物质并用于造田开发农地而修筑的坝库工程。

08.229 谷坊 check dam
沟道内修筑的用于蓄水拦沙的障碍物。高不超过 5m,类似小型坝体。

08.230 石谷坊 stone check dam
用石块为原料修筑的坝体形障碍物。

08.231 柳谷坊 willow check dam
用栽插柳树等生物体修筑的坝体形障碍物。

08.232 沟头防护工程 gully-head protecting works
用于控制沟头发展而修筑的地埂、蓄水池等设施。

08.233 引洪淤地 flood warping land
引入高含沙的洪水类似漫灌形式的造田措施。

08.234 田间工程 field engineering
在丘陵坡面或坡耕地上修建的水土保持工程。

08.235 梯田 terrace
为保持水土,将坡地改造成台阶式或波浪式断面的田地。

08.236 水平梯田 bench terrace
在坡地沿等高线方向修筑田坎,使相邻两坎间成水平台阶式的田面。

08.237 坡式梯田 slope terrace
在小于 15°的缓坡地顺坡每隔一定距离等高筑地埂,随逐年耕翻和自然淤积,地埂间坡地向平缓过渡的田块。

08.238 隔坡梯田 alternation of slope and terrace
顺坡每隔一定距离的斜坡地段等高修筑的水平梯田。斜坡地段流下的水土截留在下方水平田面,使有限降水相对集中利用,形成发展为径流农业。

08.239 复式梯田 compound terrace
两种或两种以上梯田形式所组成的田块。

08.240 反坡梯田 reversed terrace
修筑台阶式梯田时，使田面外高内低(比降小于 5%)的梯田。它有利于拦蓄降水，保护田坎。

08.241 石坎梯田 stone dike terrace
以石块为材料修筑田坎的梯田。

08.242 软埝 low earth bank
在小于 7°的缓坡地，用机具顺坡每隔一定距离修筑的等高土埝。埝坡平缓可种植牧草或作物。

08.243 地埂 ridge
顺坡隔一定距离修筑的等高田埂，用于拦蓄降水、径流和泥沙的田间工程。

08.244 生物地埂 vegetation covered ridge
顺坡隔一定距离等高栽种灌木、草本等植物，或在等高田坎上再栽种植物形成的地埂。用以拦蓄水土。

08.245 鱼鳞坑 fish scale pit
造林整地时，在坡面上开挖呈品字形似鱼鳞状排列的，半圆形小坑。坑内栽种林果。

08.246 水平沟 level trench
顺坡隔一定距离修筑的等高截水沟。用于拦蓄坡面径流泥沙。

08.247 水平阶 level bench
顺坡隔一定距离修筑的等高水平台阶。它一般宽度不超过 2m，用于栽种林果木。

08.248 水平台地 level-reversed bench
因坡就势修建的反坡式内侧挖沟的水平台阶。用于种植经济林果。中国亚热带地区常采用。

08.249 旱井 dry well
又称"水窖"。在场院或道路旁修挖的一种口小胸大形的地下蓄水设施。用于拦蓄降雨和径流，供人畜饮用。

08.250 山塘 hilly pond
选择三面环山的地形位置挖深坑筑埂而成。用于拦蓄坡面径流，可供灌溉又可养鱼。

08.251 水土保持生物措施 biological measures for soil and water conservation
通过植树种草结合发展经济植物和畜牧业的水土保持措施。

08.252 水土保持林业措施 forestry measures for soil and water conservation
造林营林增加地面森林覆盖率，保持水土与涵养水源的措施。

08.253 封山育林 forest reservation
对山林地采用封禁限制措施，防止人畜破坏，保障林木的自然生长发育。

08.254 山坡防护林 forest for slope protection
控制坡面水蚀、风蚀和径流下泄，保护其下部水库、农田、道路而建立的林带。

08.255 沟道防护林 forest for gully protection
制止沟头前进、沟壁扩张、沟床下切和减少沟道输沙量的水土保持林体系。

08.256 水土保持经济林 economic forest for soil and water conservation
既能保持水土，又能进入商品流通具有生态经济双重效益的林业体系。

08.257 农田防护林 shelter forest for farmland
在风蚀地区农田边缘营造的防护林带。

08.258 防风林 wind break forest

在风蚀地区迎合主风向栽种的防风林带。

08.259 防风固沙林 wind break and sand
fixation forest

在风蚀流沙地区迎合主风向栽种乔、灌、草
相结合的防风固沙林体系。

08.260 水源涵养林 forest for conservation
of water supply

有效拦截降雨径流和增强入渗、涵养水源
的人工林。

08.261 水土保持耕作措施 tillage mea-
sures of soil and water conservation

在坡耕地以强化降水就地入渗,防止水土
流失为目标,采用的改变小地形,或增加地
面覆盖的耕作、轮作等措施。

08.262 区田 pitting field

坡耕地掏钵种植或坑田种植的田块。其作
法在坡地自上而下每隔50cm掏挖长、宽、
深各50cm的土坑,表土集中坑内,以发挥
拦蓄水土和集约耕作双重效益。

08.263 垄作区田 ridge tillage and pitting
field

在坡耕地自上而下犁耕,形成水平沟垄,在
沟内每隔1—2m筑小土埂形成的田块。

08.264 沟垄耕作 furrow and ridge tillage

在坡耕地沿等高线开沟起垄种植的水土保
持耕作措施。

08.265 等高耕作 contour tillage

坡耕地沿等高线耕种的水土保持耕作措
施。

08.266 等高带状间作 contour strip inter-
cropping

坡耕地自上而下分成等高条带,相间种植
牧草、灌木、林木等作物的措施。以发挥增
加地面覆盖保持水土、改良土壤和增产的
作用。

08.267 等高草带 contour sod strip

坡地自上而下划分等高条带而种植的牧草
带。

08.268 草田轮作 grass and cropping rota-
tion

将坡地地块划分若干区进行作物和牧草的
轮作。

08.269 草田带状间作 grass strip inter-
cropping

坡耕地自上而下分成等高条带,进行作物
与牧草的相间种植。

08.270 山边沟 hill-side ditch

在山坡上每隔一定距离等高修建的宽约
2m的反坡浅三角形沟。以分段截留径流
泥沙,保护坡面的田间工程。山边沟种草
覆盖还可提供作山间作业道路。

08.271 草皮泄水道 grass waterway

为防止沿坡面的沟道冲刷而采用的种草护
沟措施。

英 文 索 引

A

A4/A6 ratio of humic acid 05.166
abandoned field 07.189
abrupt textural change 02.193
absolute age of soil 02.049
absolute water content 03.130
accelerated erosion 08.004
accumulated soil enzyme 05.189
accumulation 08.199
accumulation index of pollutants
  07.217
acetylene reduction assay 05.116
acid-hydrolyzable nitrogen 06.128
acidic fertilizer 06.148
acidification 04.145
acid indicator plant 07.014
acid rain 07.211
acid soil 04.148
acid soluble nutrient 06.097
acid sulphate soil 02.347
Acrisol 02.387
actinorhizal nodule 05.032
actinorhizal symbiosis 05.085
activated sewage 07.219
activated sludge 07.219
activated sludge treatment 07.220
activation of soil enzyme 05.194
active humus 05.163
active nutrient 06.102
active uptake [nutrient] 06.020
active uptake [water] 03.229
activity of clay 03.285
act of soil and water conservation
  08.217
actual evapotranspiration 03.221
adaptative enzyme 05.196
adsorbed ion 04.090
adsorption 04.119

aeolian deposit 02.124
aeolian sandy soil 02.358
aeolian soil 02.298
aeration porosity 03.104
aerial layer 07.008
aerobic decomposition 05.077
aerobic enzyme 05.197
aerobic exoenzyme 05.198
aggregate 03.069
aggregate disintegration 03.083
aggregate slaking 03.082
aggregation 03.054
agric horizon 02.172
agrochemistry 01.010
agrochemistry analysis 01.024
agroecosystem 07.050
agroforestry 07.052
air-dry soil 03.135
airfilled pore 03.100
air flux 03.246
air phase volume 03.006
air porosity 03.104
albic horizon 02.169
albic material 02.194
Alfisol 02.362
Alisol 02.386
alkali-hydrolyzable nitrogen 06.127
alkaline fertilizer 06.150
alkaline indicator plant 07.015
alkaline soil 04.150
alkalinization 04.146
allelopathy 07.074
allitization 02.087
allophane 04.041
alluvial deposit 02.119
alluvial soil 02.297
alpine frost desert soil 02.334

alpine frost soil 02.335
alpine meadow soil 02.329
alpine soil 02.015
alpine steppe soil 02.332
alternation of drying and wetting
  03.052
alternation of freezing and thawing
  03.053
alternation of slope and terrace
  08.238
aluminol group 04.066
aluminosilicate 04.013
aluminum polymerization 04.156
aluminum toxicity 04.157
amensalism 05.013
amide nitrogen 06.129
amide nitrogen fertilizer 06.179
ammonia nitrogen fertilizer 06.176
ammonia-oxidizing bacteria 05.136
ammonia toxicity 06.081
ammonification 05.058
ammonium and nitrate nitrogen fertil-
  izer 06.178
ammonium fixation 04.172
ammonium nitrogen 06.124
ammonium nitrogen fertilizer 06.175
* amorphous material 04.019
ampholytoid 04.059
AMRT 02.052
anaerobic decomposition 05.078
ancient erosion 08.001
andic soil property 02.196
Andisol 02.364
Andosol 02.364
angular blocky structure 03.060
anion adsorption 04.104
anion exchange 04.101

anion exchange capacity 04.102

anion exclusion 04.106

anion penetration 04.105

anion retention 04.103

antagonism 05.015

ant channel 07.130

anthropic epipedon 02.163

anthropogenic fertility 07.137

anthropogenic mellowing of soil 07.127

anthropogenic rainfall 08.169

anthropogenic soil 02.004

Anthrosol 02.394

anthrostagnic epipedon 02.167

ant mound 07.131

apoplast transport 06.045

[apparent] mean residence time 02.052

aquic condition 02.197

aquic moisture regime 02.214

arbuscular mycorrhiza 05.037

Arenosol 02.380

argic horizon 02.174

argillan 02.478

argillic horizon 02.173

argillification 02.092

aridic moisture regime 02.215

Aridisol 02.363

aridity 03.224

artificial rainfall simulation of soil erosion 08.115

ash element 06.061

associative nitrogen fixation 05.048

ATPase 06.031

Atterberg limits 03.272

A type humic acid 05.157

autochthonous bacteria 05.018

automorphic soil 02.290

autoradiography 06.323

available nutrient 06.089

available water 03.231

A value 06.117

azonal soil 02.289

B

background value of soil element 07.203

bacteria 05.086

bacteriophage 05.087

bacteroid 05.038

Baijiang soil 02.317

balanced nutrients fertilization 06.268

band application 06.285

basal fertilizer 06.275

basal spacing 04.027

base saturation percentage 04.099

basic categories of soil classification 02.269

basifuge 07.020

ba value 02.026

beidellite 04.033

bench terrace 08.236

beneficial cycle 07.111

beneficial element 06.058

biochemical capacity 05.199

biochemical oxygen demand 07.209

bioconversion 05.121

biodegradability 05.081

biodegradation 05.075

biodeterioration 05.123

bioformations 02.459

biogas manure 06.208

biogeochemical cycle 07.075

biogeocoenosis 07.012

biological accumulation 02.065

biological enrichment 07.110

biological immobilization 05.061

biological measures for soil and water conservation 08.251

biological nitrogen fixation 05.046

biological treatment 07.221

biological weathering 02.019

bioluminescence technique 05.095

bioremediation 05.122

bisequum 02.210

bitter pit 06.250

black box theory 07.106

black soil 02.320

bleached horizon 02.138

bleached paddy soil 02.353

blended fertilizer 06.201

blind gully 08.077

blocky structure 03.059

blossom-end rot 06.251

BOD 07.209

bog soil 02.342

bottom soil 02.154

branch gully 08.080

braunification 02.083

broadcasting 06.280

broken bond 04.048

brown calcic soil 02.323

brown coniferous forest soil 02.315

brown desert soil 02.327

brown forest soil 02.312

brownification 02.083

brown-red soil 02.304

brown soil 02.312

B type humic acid 05.158

buffer factor 06.107

buffer power 04.154

buried horizon 02.151

buried soil 02.045

burnt symptom 06.244

C

compound cutan 02.474

compound fertilizer 06.198

compound or mixed fertilizer 06.197

* compound particle 03.073

compound terrace 08.239

comprehensive control of soil erosion 08.206

concealed erosion 08.005

concentrated fertilization 06.279

concentrations 02.460

concretion 02.464

cone index 03.308

cone penetrometer 03.309

confined water 03.115

confounded design 06.312

congruent dissolution 04.125

conservation tillage 07.184

constant charge surface 04.072

constant potential surface 04.073

consumer 07.055

* contact absorption 06.023

* contact desorption 06.023

contact exchange 06.023

continuous flow culture 06.301

continuous soil nomenclature 02.285

contour sod strip 08.267

contour strip intercropping 08.266

contour tillage 08.265

coppice knoll 07.133

coprogenous aggregate 02.500

copro-humus 07.070

coral sand 02.128

corrosion 08.021

counter ion 04.114

cover plant 07.044

cradle knoll 07.134

critical bearing point 03.313

critical erosion slope 08.188

critical erosion slope length 08.191

critical groundwater table 03.209

critical period of nutrition 06.016

critical potential 04.163

critical runoff 08.176

critical value of nutrient 06.226

crop of depleting soil fertility 07.171

crop of improving soil fertility 07.170

cross inoculation group 05.017

crotovina 07.129

crust 03.077

cryic temperature regime 02.223

crystal chamber 02.468

crystal coating 02.466

crystal efflorescence 02.470

crystalline mineral 04.018

crystal sheet 02.469

crystal tube 02.467

cultivated horizon 02.133

cultivated soil 02.005

culture solution of element deficient 06.295

cumulic epipedon 02.165

cutan 02.465

cyanamide nitrogen fertilizer 06.180

cyanobacteria 05.089

cycling pool 07.078

D

Darcy's law 03.175

dark brown forest soil 02.314

dark brown soil 02.314

data base of soil and water conservation 08.213

decalcification 02.076

decay 05.137

declarable content 06.142

decomposer 07.063

decomposition rate of soil organic matter 05.146

deep placement 06.276

deep ploughing 07.177

deficient element 07.107

degree of humification 05.170

delayed available fertilizer 06.155

delineation of soil 02.419

denitrification 05.053

denitrifying bacteria 05.072

densic contact 02.205

densic material 02.206

denudation 08.060

depotassication 04.049

desalinization 02.071

desert 08.030

desertification 08.032

desert pavement 02.145

desert soil 02.008

desert varnish 02.146

desilicification 02.081

desorption 04.120

desulfurication 05.057

detailed soil map 02.422

detailed soil survey 02.400

deterious rhizosphere microorganism 05.023

detoxication of toxic organic compound 05.062

detritus food chain 07.072

diagnosis and recommendation integrated system 06.233

diagnosis index 06.227

diagnosis method by critical value 06.225

diagnosis method of biological incubation 06.236

diagnosis method of fertilization 06.232

diagnosis method of foliar color 06.234

diagnosis method of leaf analysis 06.230

diagnosis method of plant chemistry 06.229

diagnosis method of tissue rapid measurement 06.231

diagnosis nutrient and fertilization

06.267

diagnosis of microstructure 06.237

diagnostic characteristics 02.192

diagnostic horizon 02.155

diagnostic subsurface horizon 02.168

diagnostic surface horizon 02.156

different nutritional stage 06.015

difficultly soluble nutrient 06.098

difficultly soluble phosphatic fertilizer
06.189

diffused double layer 04.084

diffusion coefficient 03.183

diffusion coefficient of soil air
03.244

diffusion-dispersion 03.182

diffusion-dispersion coefficient

03.185

diffusion [nutrition] 06.043

dilution effect 06.034

diluvial deposit 02.118

dioctahedral sheet 04.022

discontinuous soil nomenclature
02.286

dispersion coefficient 03.184

dispersive coefficient 03.086

disturbed profile 02.101

ditch drainage 03.206

doline 08.057

domestic animals manure 06.203

Donnan equilibrium 06.028

down-cutting erosion 08.083

* dressing of truning 06.284

drift sand 08.027

DRMO 05.023

dryland farming 03.225

dry red soil 02.302

dry well 08.249

durinode 02.199

duripan 02.180

dust storm 08.025

dynamic model 07.121

dynamic property of soil 03.268

dynamics of chemical weathering
04.184

dynamics of ion exchange 04.183

dynamics of oxidation-reduction
04.185

E

earth-debris flow 08.046

earthworm cast 07.068

ECEC 04.094

ecological benefit of soil and water
conservation 08.219

ecological environment of soil
07.006

ecological niche 05.131

economic benefit of soil and water con-
servation 08.220

economic fertilization 06.271

economic forest for soil and water con-
servation 08.256

economic optimum application rate
06.274

economic yield 07.054

ECP 04.095

ectomycorrhiza 05.035

edaphology 01.004

effective cation exchange capacity
04.094

effective diameter of soil particle
03.009

effective fertility 07.139

effective precipitation 03.190

effect of complementary ion 04.116

effect of degree of base saturation
04.100

effect of soil drying 05.175

effect of soil freezing 05.176

electrical conductivity of soil solution
04.128

electrokinetic potential 04.162

element toxicity 06.252

eluvial horizon 02.111

eluviation 02.059

eluviation-illuviation 02.064

endocellular enzyme 05.193

endoenzyme 05.193

endogenic agency of soil erosion
08.090

endolithic microbial community
05.126

endomycorrhiza 05.036

endophyte 05.024

endosymbiont 05.127

energy balance 07.088

energy budget 07.087

energy exchange 07.084

energy flow 07.092

energy liberation 07.085

energy loss 07.086

energy state of soil water 03.137

energy transfer 07.083

energy transformation 07.091

energy transformation ratio 07.090

engineering measures of soil and water
conservation 08.227

enrichment 07.108

Entisol 02.365

enzyme protection capacity of soil
05.191

enzymology diagnosis method
06.235

epiphyte 05.025

* equivalent diameter 03.009

equivalent pore 03.099

eroded land 08.134

eroded soil 08.136

erosion badland 08.135

erosion basis 08.138

erosion by human activities 08.007

erosion by water 08.012

erosion by wind 08.022

erosion environment 08.142

erosion landform 08.133
erosion mechanics 08.141
erosion rate 08.139
erosion ratio 08.140
erosion soil profile 08.137
ESP 04.096
ESR 04.097
essential element 06.057
eutrophication 07.222
evapotranspiration 03.219
exceed-infiltration runoff 08.180
exchangeable anion 04.092

exchangeable cation 04.091
exchangeable cation percentage
　04.095
exchangeable nutrient 06.100
exchangeable sodium percentage
　04.096
exchangeable sodium ratio 04.097
exchange absorption 06.019
exchange base 04.093
exhaustion cropping 07.186
exhaustive cropping technique
　06.302

exhumed soil 02.046
exogenic agency of soil erosion
　08.091
exoroot fertilization 06.283
exoroot nutrition 06.014
experimental error 06.318
expert system of soil and water conser-
　vation 08.214
exploration seeding 06.289
external surface area 03.093
extracellular enzyme 05.192

F

fabric pattern 02.453
falling cave 08.057
fallow field 07.191
* farmyard manure 06.202
fecal pellet 07.069
ferrallitic weathering crust 02.033
ferrallitization 02.086
Ferralsol 02.392
ferrihydrite 04.043
ferrol group 04.067
ferrolysis 04.118
ferromanganese formations 02.456
ferruginization 02.088
fertile soil 07.165
fertilization 06.255
fertilization recommendation 06.265
fertilization system 06.256
fertilizer 06.140
fertilizer additive 06.166
fertilizer analytic formula 06.145
fertilizer conditioner 06.165
fertilizer experiment 06.286
fertilizer experimental design 06.304
fertilizer filler 06.167
fertilizer formula 06.146
fertilizer grade 06.141

fertilizer nutrient 06.143
fertilizer pollution 07.206
fertilizer response 06.257
fertilizer response function 06.258
fertilizer solubility 06.168
fibric soil material 02.238
field capacity 03.127
field engineering 08.234
field experiment 06.287
film movement 03.165
film water 03.116
fimic epipedon 02.166
fine sand 03.041
fish scale pit 08.245
fissure 02.495
fixation 04.121
fixed dune 08.035
flood erosion 08.017
flood warping land 08.233
Fluvisol 02.376
fluvo-aquic soil 02.344
flux 07.113
foliar fertilizer 06.164
food chain 07.071
forest floor 07.043
forest for conservation of water supply

　08.260
forest for gully protection 08.255
forest for slope protection 08.254
forest reservation 08.253
forestry measures for soil and water
　conservation 08.252
forest site 07.029
forest soil 02.006
form of soil nutrient 06.091
fraction of humic substances 05.164
fragipan 02.181
fragmentation 03.055
free iron oxide 04.046
free-living nitrogen fixing bacteria
　05.067
free space 06.027
freeze-thawing erosion 08.053
frigid temperature regime 02.224
fulvic acid 05.161
fumigant 05.080
fumigation 05.079
function of soil ecosystem 07.005
fungicide 05.091
fungus 05.090
furrow and ridge tillage 08.264

G

gaseous fertilizer 06.161
gas fertilizer 06.161
gas toxicity of protected land 06.254
gelic temperature regime 02.222
GEM 05.092
general detailed soil survey 02.401
generalized soil map 02.421
generalized soil survey 02.399
genetically engineered microorganism 05.092
genetics of plant nutrition 06.084
gentle slope 08.187
geographico-genetic classification 02.266
* geological erosion 08.001
giant profile 02.100
Gibbs free energy 04.181
gibbsite 04.042
gilgai 02.247
glacial deposit 02.122
glacier erosion 08.054
glaciofluvial deposit 02.123
glazki 02.258
gleyed paddy soil 02.352

gley horizon 02.142
gleyic features 02.243
gleyization 02.077
Gleysol 02.377
glossic horizon 02.170
* GMMO 05.092
gobi 08.031
goethite 04.044
gradational difference of soil fertility 07.143
gradient of electrochemical potential 06.068
granular fertilizer 06.159
granular structure 03.062
grass and cropping rotation 08.268
grass strip intercropping 08.269
grass tetany 06.249
grass waterway 08.271
gravel 03.017
gravitational agency 08.094
gravitational erosion 08.045
gravitational potential 03.140
gravitational water 03.122

greenhouse effect 07.213
greenhouse gasses 07.212
green humic acid 05.159
green manure 06.213
grey-brown desert soil 02.326
grey cinnamon soil 02.318
grey desert soil 02.325
grey forest soil 02.319
grey humic acid 05.160
grey speck 06.247
greyzem 02.319
ground fire 07.038
ground layer 07.040
growth inhibitor 06.053
gully 08.075
gully and valley erosion 08.071
gully density 08.103
gully erosion 08.070
gully-head protecting works 08.232
gypsic horizon 02.187
Gypsisol 02.383
gypsum accumulation 02.073
gypsum crystal cluster 02.260

H

habitat 05.129
HA/FA ratio 05.167
H-Al-clay 04.062
half-life of soil organic matter 05.148
halloysite 04.030
halomorphic soil 02.294
halophobes 07.022
hanging gully 08.076
* head dressing 06.284
headward erosion 08.082
heart rot 06.246
heat conductivity 03.262

heat flux density 03.266
heavy clay 03.047
heavy loam 03.044
Heilu soil 02.337
hematite 04.045
hemic soil material 02.239
hidden hunger 06.223
hierarchy classification 02.360
higher categories of soil classification 02.268
highly decomposed organic horizon 02.131
hill-side ditch 08.270

hilly pond 08.250
histic epipedon 02.157
Histosol 02.366
horizonation 02.105
horizon boundary 02.106
horizon designation 02.107
horizon differentiation 02.105
horizontal distribution of erosion 08.112
* host pedological features 02.476
humic acid 05.156
humic acids 05.155
humic fertilizer 06.212

humic substance in heavy fraction
05.153

humic substance in light fraction
05.152

humic substances 05.151

humification 05.154

humification coefficient 05.169

humin 05.162

humus accumulation 02.066

humus form 02.496

humus horizon 02.110

hunger sign in plant 06.238

hydraulic gradient 03.173

hydraulic potential 03.144

* hydrodynamic dispersion 03.182

hydrolase 05.200

hydrologic cycle 03.187

hydrolyzable nitrogen 06.123

hydromica 04.038

hydromorphic soil 02.291

hydrophytic green manure 06.216

hydroxyl-aluminum interlayer
04.069

hydroxylation 04.070

hydroxyl surface 04.068

hygroscopic water 03.123

hyperthermic temperature regime
02.227

I

identifiable secondary carbonate
02.200

illite 04.039

illuvial clayification 02.092

illuvial horizon 02.112

illuviation 02.063

illuviation argillan 02.479

imogolite 04.040

impermeable layer 03.208

improvement of soil fertility 07.126

Inceptisol 02.367

* included pedological features
02.476

incomplete block design 06.309

incongruent dissolution 04.126

indicator plant of calcium soil
07.017

indicator plant of soil 07.013

indicator plant of solonchak 07.016

individual pollution index of soil
07.216

infection thread 05.039

infertile soil 07.166

infiltration capacity 08.182

infiltration curve 08.183

infiltration flux 03.195

initial infiltration rate 03.196

initial soil 02.039

innersphere complex 04.123

inoculum 05.093

inoculum density 05.094

inorganic fertilizer 06.171

inorganic nitrogen 06.120

inorganic phosphorus 06.134

instable aggregate 03.081

intensity factor 06.105

intensity of soil respiration 03.249

intensive cultivation 07.193

inter-aggregate pore 03.103

intercalation 04.117

interfingering of albic materials
02.195

intergradient mineral 04.037

interlayer exchange site 04.089

interlayer potassium 06.138

interlayer surface 04.063

intermediate decomposed organic hori-
zon 02.130

internal fabric 02.452

internal surface area 03.092

interrill erosion 08.068

interstratified clay mineral 04.017

intra-aggregate pore 03.102

intrazonal soil 02.288

intrinsic charge 04.079

intrinsic permeability 03.198

ion antagonism 06.036

ionophor 06.032

ion pump 06.030

ion selective electrode 04.168

ion selectivity 04.107

ion synergism 06.037

iron bacteria 05.069

iron-manganese concretions 02.253

iron pan 02.179

irregular calcareous concretions
02.255

irregular nodule 02.463

irrigation 03.232

irrigation efficiency 03.233

irrigation erosion 08.019

irrigation-silting soil 02.355

isoelectric point 04.167

isofrigid temperature regime 02.228

isohumic soil 02.395

isohumisol 02.395

isohyperthermic temperature regime
02.231

isomesic temperature regime 02.229

isomorphous substitution 04.028

isothermic temperature regime
02.230

isotopic tracer 06.325

K

kandic horizon 02.176
kaolinite 04.029

kastanozem 02.322
kinetic factor 06.106

krotovina 07.129

L

labile phosphorus 06.131
labile reduction manganese 06.139
lacustrine deposit 02.120
land biological treatment 05.082
landform 07.024
landscape 07.023
landslide 08.050
lateral erosion 08.084
lateral seepage 03.192
Latin square design 06.310
latosol 02.299
latosolic red soil 02.300
law of diminishing returns 06.008
law of plastic flow 03.278
law of soil and water conservation
    08.215
law of the minimum 06.005
laws and regulations of soil and water
    conservation 08.216
layer charge 04.077
layer silicate 04.014
LE 02.198
leaching 02.060
leaching loss of nutrient 06.115
lectin 05.055

leghaemoglobin 05.042
leguminous green manure 06.214
Leptosol 02.379
lessivage 02.062
less nutrient flux habitat 05.128
level bench 08.247
level-reversed bench 08.248
level trench 08.246
ligand exchange 04.127
light clay 03.045
light loam 03.042
lime fertilizer 06.191
lime potential 04.180
lime requirement 04.152
linear erosion 08.065
linear extensibility 02.198
liquid fertilizer 06.160
liquid junction potential 04.164
liquid limit 03.273
liquid phase volume 03.005
liquid runoff 08.174
lithic contact 02.201
lithologic continuity 02.410
lithologic discontinuity 02.411

lithomorphic soil 02.293
lithosol 02.356
litter fall 07.042
little-leaf symptom 06.240
living mulch 07.041
Lixisol 02.385
loam 03.032
loamy sand 03.029
located research 07.048
loess 02.125
loessal soil 02.339
loess hill 08.010
loess landform 08.009
loess-like material 02.126
loess plateau 08.008
long distance transport 06.048
long term experiment 06.288
low earth bank 08.242
*lower plastic limit 03.274
lowland soil 02.011
Luvisol 02.384
luxury absorption 06.022
lyase 05.202
lysimeter 03.213

M

macroaggregate 03.070
macroelement 06.059
macronutrient 06.054
macrostructure 03.067
magnesium fertilizer 06.192
main stream gully 08.079

maintenance fertilization 06.270
major soil grouping 02.373
mapping of soil erosion 08.105
marginal cost 06.263
marginal effect 06.260
marginal profit 06.264

marginal rate of substitution 06.259
marginal value 06.262
marginal yield 06.261
mass flow [nutrition] 06.042
mass heat capacity 03.258
mass water content 03.132

master horizon　02.108

material cycle　07.093

material migration　07.104

matric potential　03.139

matric suction　03.146

matrix grain　02.449

mature soil　02.041

maximum efficiency stage of fertilization　06.017

maximum hygroscopicity　03.124

maximum yield application rate　06.273

meadow soil　02.343

mean residence time of soil organic matter　05.147

measurement of ^{15}N abundance　06.324

* mechanical composition　03.008

mechanical eluviation　02.062

mechanical stable aggregate　03.080

medium clay　03.046

medium loam　03.043

melanic epipedon　02.162

mellow soil　07.162

mellow soil layer　07.164

mesic temperature regime　02.225

meso-regional distribution of soils　02.435

metal-humic substances complexes　05.171

methane bacteria　05.068

* methane fermentations waste　06.208

microaggregate　03.071

microbial accumulation　05.117

microbial community　05.096

microbial herbicide　05.118

microbial inoculant　05.120

microbial manure　06.218

microbial pesticide　05.119

microelement　06.060

microhabitat　05.130

micromorphogenesis　02.443

micromorphological analysis　02.504

micromorphological features　02.444

micromorphometry　02.505

micronutrient　06.056

micronutrient fertilizer　06.195

micropedology　02.441

micro-regional distribution of soils　02.434

microstructure　03.068

middle element nutrient　06.055

Mima mound　07.132

* mineral fertilizer　06.171

mineralization　05.060

mineralization rate　06.130

mineral nutrition genotype of plant　06.085

mineral nutrition of plant　06.002

mineral potassium　06.137

minimum tillage　07.180

miscellaneous area　02.418

miscible displacement　03.186

Mitscherlich's law　06.007

mixed cutan　02.475

moder　02.498

moisture gradient　03.172

mollic epipedon　02.159

Mollisol　02.368

montmorillonite　04.032

mor　02.497

morphogenetic classification　02.267

morphological diagnosis　06.228

mountain meadow soil　02.331

mountain soil　02.014

moving dune　08.033

mud and rock flow　08.051

mud flow　08.052

* mugineic acid　06.086

mull　02.499

multifactor experiment　06.306

Munsell soil chart　02.407

mutualism　05.014

mycorrhiza　05.034

mycorrhizosphere　05.097

myxobacteria　05.074

N

nanoprofile　02.099

native soil enzyme　05.188

native soil organic matter　05.145

natric horizon　02.184

* natural erosion　08.003

natural fertility　07.136

natural soil　02.003

nature conservation　07.049

negative adsorption　04.112

neritic deposit　02.121

Nernst equation　06.029

neutral fertilizer　06.149

neutral soil　04.149

night soil　06.204

Nitisol　02.391

nitrate nitrogen　06.125

nitrate nitrogen fertilizer　06.177

nitrification　05.051

nitrification inhibitor　05.054

nitrifying bacteria　05.071

nitrite nitrogen　06.126

nitrogenase　05.043

nitrogenase activity　05.047

nitrogen assimilation　06.078

nitrogen availability ratio　05.115

nitrogen balance　06.079

nitrogen cycle　05.178

nitrogen fixation　05.045

nitrogen fixation genes　05.044

nitrogen metabolism　06.080

nitrogen mineralization　06.121

nitrogenous fertilizer　06.174

nitrogen transformation　06.122

nitrosification　05.052

nod factor　05.100

nodulation　05.040

nodulation gene 05.099
nodule 02.462
nodulin 05.098
non-available nutrient 06.090
noncompetitive inhibition 06.039
noncrystalline material 04.019
non-exchangeable nutrient 06.101
nonforest soil 07.036
non-leguminous green manure
    06.215
nonspecific adsorption 04.109
nonsteady state water flow 03.159
non-symbiotic nitrogen fixation
    05.050
nontronite 04.034
normal erosion 08.003
normal shrinkage 03.298
no-tillage 07.179
numerical classification of soil
    02.271
nutrient adsorption 06.111
nutrient availability 06.063

nutrient balance 06.109
nutrient bioavailability 06.064
nutrient budget 07.097
nutrient concentration 07.099
nutrient concentration gradient
    06.066
nutrient cycle 06.108
nutrient deficiency symptom in plant
    06.238
nutrient depletion 06.069
nutrient desorption 06.113
nutrient diagnosis 06.220
nutrient efficiency 06.073
nutrient efficient plant 07.101
nutrient electropotential gradient
    06.067
nutrient enrichment 06.070
nutrient fixation 06.110
nutrient flow 07.103
nutrient interaction 06.035
nutrient loading 07.100

nutrient loss 06.114
nutrient pool 07.079
nutrient potential 04.177
nutrient preserving capability
    07.157
nutrient releasing 06.112
nutrient reutilization 06.065
nutrient solution 06.077
* nutrient solution culture 06.293
nutrients transport in plant 06.044
nutrient stress 06.072
nutrient supplying capability 07.158
nutrient transformation 06.116
nutrient translocation 06.071
nutritional condition 06.074
nutritional disorder 06.221
nutritional level 06.075
nutrition deficiency 06.222
nutritive material 06.076
nutritive root 06.083
n value 02.211

O

occupied fallow field 07.192
ochric epipedon 02.161
octahedral sheet 04.021
ODOE value 02.234
ODR 03.247
oligotrophication 07.223
oligotrophic microorganisms 05.102
oligotrophy 05.101
open ecosystem 07.081
optical-density-of-oxalate-extract value
    02.234
optically oriented clays 02.477
optimum design 06.317
optimum model 07.122

organic carbo-nitrogen ratio in soil
    05.174
organic fertilizer 06.202
organic horizon 02.109
organic nitrogen 06.119
organic nitrogen pool 05.181
organic nutrition of plant 06.003
organic phosphorus 06.133
organic slow-release nitrogen fertilizer
    06.182
organic soil matérial 02.237
organo-mineral complex 04.055
orstein 02.179

orthogonal design 06.314
osmotic potential 03.141
osmotic suction 03.147
outersphere complex 04.124
oven-dry soil 03.136
overconsolidation 03.304
overlapping deficiency 06.224
oxic horizon 02.177
oxidizing force of root 06.011
oxidoreductase 05.201
Oxisol 02.369
oxygen diffusion rate 03.247
oxyphobes 07.021

P

packing void 02.490
paddy field soil 02.009

paddy soil 02.349
paleopedology 02.043

paleosol 02.044
paralithic contact 02.202

paralithic material 02.203
parasitism 05.008
parent material 02.034
parent material horizon 02.113
parent rock 02.114
partial sterilization of soil 05.139
* particle composition 03.008
particle sedimental accumulated curve
　　03.026
particle-size distribution 03.008
passive uptake [nutrient] 06.021
passive uptake [water] 03.230
peat 06.210
peat formation 02.067
peat horizon 02.141
peat soil 02.341
ped 02.450, 03.074
pedological features 02.454
pedology 01.003
pedon 02.096
pedosphere 02.001
pedotubule 02.472
pedoturbation 02.095
pendant 02.471
pendular water 03.117
percogenic horizon 02.144
percolation 03.193
percolation rate 03.194
pergelic temperature regime 02.222
permafrost layer 02.232
permagelic temperature regime
　　02.221
permanent charge 04.080
permeable layer 03.207
perudic moisture regime 02.218
pesticide pollution 07.205
petrocalcic horizon 02.190
petroferic contact 02.204
petrogypsic horizon 02.188
PGPR 05.107
phaeozem 02.320
pH dependent charge 04.081
phloem transport 06.050
phosphate adsorption 04.174

phosphate fixation 04.173
phosphate potential 04.178
phosphate retention 04.175
phosphatic fertilizer 06.184
phospho-calcic soil 02.340
phosphorus cycle 05.179
photosynthetic microorganism
　　05.132
phyllosilicate 04.014
physical clay 03.023
physical sand 03.022
physical weathering 02.017
physiological acidic fertilizer 06.151
physiological alkaline fertilizer
　　06.153
physiological effect of humic substance
　　05.168
physiological group of bacteria
　　05.138
physiological neutral fertilizer
　　06.152
phytohormone 06.052
phytolite 02.501
phytosiderophore 06.086
phytosphere 05.106
pinocytosis 06.033
pioneer community 05.133
pitting field 08.262
placic horizon 02.178
plaggen epipedon 02.158
Planosol 02.388
plant and animal residues 05.172
plantation plowing 07.185
plant growth-promoting rhizobacteria
　　05.107
plant growth regulator 06.219
[plant] nutrient content 07.098
plant nutrients ratio 06.062
plant nutrition 06.001
plasma 02.447
plasmid 05.103
plastic index 03.277
plasticity 03.276
* plasticity number 03.277

plasticity range 03.275
plastic limit 03.274
platy layer 02.136
platy structure 03.065
plinthic horizon 02.208
plinthite 02.207
Plinthosol 02.393
plot 07.045
plow pan 02.134
Podzol 02.390
podzoliation 02.082
podzolic soil 02.316
podzolized horizon 02.137
Podzoluvisol 02.389
polypedon 02.097
pore-size distribution 03.096
pore space ratio 03.108
potassic fertilizer 06.190
potassium balance 06.135
potassium fixation 04.171
potassium potential 04.179
* ζ potential 04.162
potential determining ion 04.085
potential erosion 08.006
potential evapotranspiration
　　03.220
potential fertility 07.138
potential transpiration 03.222
pot experiment 06.291
precipitation 03.189
predacious fungi 05.140
predation 05.016
preference adsorption 04.111
preferential flow 03.160
pressure potential 03.142
primary particle 03.072
priming effect 05.149
primitive soil 02.039
principle horizon 02.108
principle of soil erosion classification
　　08.096
prismatic structure 03.064
problem soil 07.168
processing compound fertilizer

06.199
producer 07.053
profile characteristics 02.409
profile pattern 02.102

protonation 04.071
proton charge 04.082
protozoa 05.105
pseudogley 02.396

pseudogleyization 02.078
pseudogley soil 02.396
pseudomycelium 02.259
purple soil 02.309

Q

quadrat 07.046

quantity factor 06.104

Quaternary red clay 02.127

R

radiocarbon dating 02.051
radio isotope tracer technique
  06.322
raindrop 08.159
raindrop erosion 08.014
raindrop impact energy 08.161
raindrop kinetic energy 08.160
raindrop size 08.164
raindrop size distribution 08.165
raindrop splash amount 08.162
raindrop splash angle 08.163
rainfall amount 08.154
rainfall erosion 08.013
rainfall erosivity 08.156
rainfall erosivity index 08.157
rainfall erosivity parameter 08.158
rainfall infiltration 08.167
rainfall intensity 08.155
rainfall interception 08.166
rainfall simulation 08.169
rainfall simulator 08.168
rainfed farming 03.226
rainstorm erosion 08.015
randomized block experiment
  06.307
ratio of material flow 07.105
raw humus 02.497
raw soil 07.161
raw soil layer 07.163
readily available fertilizer 06.154
recalcification 02.075
recent erosion 08.002

reclaimable land 07.187
reclamation symptom 06.239
redox couple 04.161
red soil 02.301
* reference evapotranspiration
  03.220
reference material of soil 02.404
regional distribution of erosion
  08.113
Regosol 02.378
regression design 06.313
regression-orthogonal design 06.315
relative age of soil 02.050
relative diffusion coefficient of soil air
  03.245
relative transpiration 03.223
relative water content 03.131
relict 02.489
relict soil 02.047
rendzina 02.308
reservoir pool 07.077
residual clayification 02.090
residual deposit 02.115
residual shrinkage 03.299
residual soil 02.295
reticulated mottling horizon 02.140
reversed terrace 08.240
rhizobia 05.066
rhizobial nodule 05.030
rhizobiotoxin 05.109
rhizobium inoculant 05.031

rhizoplane 05.029
rhizosphere 05.021
  * rhizosphere colonization 05.088
rhizosphere effect 05.026
rhizosphere microorganism 05.022
rhizosphere nutrition 06.010
ridge 08.243
ridge tillage and pitting field 08.263
rill 08.073
rill erosion 08.067
ring 02.473
ripple 08.072
road erosion 08.085
rolling hill 08.011
root exudate 06.012
root interception 06.041
root zone 05.028
rosette 06.241
rotation design 06.316
RQ-respitory quotient 03.250
R/S ratio 05.027
rubification 02.084
runoff 08.172
runoff erosion 08.016
runoff erosivity 08.170
runoff factor 08.179
runoff gathering 08.178
runoff kinetic energy 08.171
rupture modulus 03.088
rust spot 02.252
rust streak 02.251

S

smeary consistence 02.245

smectite 04.031

snowmelt erosion 08.018

social benefit of soil and water conservation 08.221

sodication 04.147

sodium adsorption ratio 04.098

sodium chloride 06.194

sodium clay 04.061

sod layer 02.132

soft powdery lime 02.241

soil 01.001

soil abiotic enzyme 05.187

soil acid-base equilibrium 04.129

soil acidity 04.132

soil acidoid 04.056

soil active acidity 04.134

soil adhesion 03.283

soil adversity resistance 07.176

soil aeration 03.240

soil age 02.048

soil air 03.237

soil air capacity 03.238

soil air composition 03.239

soil air diffusion 03.243

soil air exchange 03.242

soil air regime 03.236

soil alkalinity 04.133

soil amelioration 01.021

soil amendment 03.089

soil analytical chemistry 01.011

soil and water conservation 01.023

soil and water conservation benefit 08.218

soil and water conservation industry 08.222

soil and water conservation measures 08.226

soil and water conservation planning 08.212

soil and water conservation regionalization 08.211

soil and water conservation survey 08.210

soil and water loss 08.207

soil animal passage 07.067

soil animal residue 07.066

soil antierodibility 08.153

soil antiscouribility 08.152

soil apparent viscosity 03.280

soil association 02.415

soil auger 02.402

soil basoid 04.057

soil bearing capacity 07.156

soil biochemistry 01.008

soil biogeochemistry 02.054

soil biological activity 05.076

soil biology 01.012

soil biomass 05.003

soil-borne greenhouse gases 05.084

soil-borne plant pathogen 05.020

soil boundary 02.420

soil buffer capacity 04.154

soil buffer compounds 04.155

soil buffering 04.153

* soil bulk density 03.094

soil carnivorous animal 07.057

soil cartography 02.412

soil catena 02.436

soil chemical fixation 04.169

soil chemistry 01.007

soil class 02.274

soil classification 02.264

soil classification system 02.270

soil cohesion 03.284

soil colloid 04.052

soil colloid chemistry 04.004

soil color 02.406

soil compaction 03.310

soil complex 02.416

soil compressibility 03.302

soil compression 03.300

soil compression index 03.301

soil conditioner 03.090

soil-conserving crop 07.172

soil consistence 03.271

soil consistency 03.270

soil consociation 02.417

soil consolidation 03.303

soil constraint factor 07.167

soil coprophagous animal 07.062

soil cover 02.437

soil cover structure 02.438

soil creep 08.147

soil culture 06.292

soil deformation 03.286

soil degradation 07.124

soil density 03.094

soil development 02.035

soil development sequence 02.036

soil diamagnetic substance 03.325

soil disinfection 05.083

soil dispersing agent 03.025

soil dispersion 03.024

soil distribution 02.427

soil drainage 03.202

soil ecology 01.014

soil ecosystem 07.001

soil ecosystem sequence 07.003

soil electricity 03.318

soil electric resistance 03.320

soil electrochemistry 04.006

soil electromagnetism 03.317

soil enrichment method 05.141

soil environment 07.194

soil environment capacity 07.196

soil environment engineering 07.202

soil environment factor 07.195

soil environment indicator 07.200

soil environment monitoring 07.199

soil environment protection 07.201

soil environment quality 07.197

soil environment quality assessment 07.198

soil enzymatic reaction 05.185

soil enzyme 05.183

soil enzyme activity 05.184

soil enzyme inhibitor 05.186

soil enzymology 05.182

soil erodibility 08.148

soil erodibility index 08.149

soil erodibility parameter 08.151

soil erodibility value nomograph map 08.150

soil erosion 01.022

soil erosion agency 08.089

soil erosion classification 08.095

soil erosion damage 08.130

soil erosion degree 08.100

soil erosion distribution 08.110

soil erosion division map 08.108

soil erosion effect 08.128

soil erosion factor 08.088

soil erosion factor parameter 08.098

soil erosion field model 08.116

soil erosion hazard 08.131

soil erosion index 08.099

soil erosion information system 08.125

soil erosion intensity 08.101

soil erosion intensity map 08.107

soil erosion mapping by remote sensing 08.109

soil erosion mathematical model 08.117

soil erosion modulus 08.102

soil erosion monitoring 08.123

soil erosion monitoring by remote sensing 08.124

soil erosion pattern 08.081

soil erosion pollution 08.129

soil erosion potential danger 08.132

soil erosion prediction equation 08.119

soil erosion prediction model 08.118

soil erosion process 08.126

soil erosion regular 08.127

soil erosion simulation 08.114

soil erosion survey 08.122

soil erosion type 08.061

soil erosion type map 08.106

soil exchangeable acidity 04.138

soil exhaustion 07.125

soil expansion 03.292

soil extract 04.192

soil extractant 04.191

soil fabric 02.451

soil family 02.281

soil fauna 05.006

soil feedback information 07.117

soil ferromagnetic substance 03.327

soil fertility 01.018

soil fertility diminution 07.146

soil fertility evaluation 07.144

soil fertility factor 07.147

soil fertility grade 07.142

soil fertility grading 07.140

soil fertility index 07.141

soil fertility maintenance 07.145

soil fertility management 07.151

soil fertility map 07.149

soil fertility monitoring 07.150

soil formation 02.056

soil-forming factor 02.057

soil-forming process 02.058

soil friction 03.291

soil genesis 02.055

soil genetic classification 02.265

soil genetic horizon 02.104

soil genus 02.278

soil geochemistry 02.053

soil geography 01.005

soil grazing animal 07.056

soil group 02.276

soil hardness 03.306

soil heat 03.254

soil heat balance 03.265

soil heat capacity 03.257

soil heat conduction 03.260

soil heat diffusivity 03.263

soil heat exchange 03.256

soil heat flow 03.264

soil heat regime 03.255

soil horizon 02.104

soil horizontal distribution 02.433

soil horizontal zonality 02.429

soil humus 05.150

soil humus chemistry 04.002

soil hydraulic conductivity 03.168

soil hydrolytic acidity 04.140

soil improvement 01.021

soil influx 07.114

soil information 07.116

soil information system 01.025

soil insectivorous animal 07.058

soil intrusions 02.250

soil landscape 02.002

soil layer 02.147

soilless culture 06.296

soil limnophagous animal 07.061

soil local type 02.279

soil loss 08.143

soil loss amount 08.144

soil loss estimation 08.145

soil loss tolerance 08.146

soil magnetic susceptibility 03.322

soil magnetism 03.321

soil management 01.019

soil map 02.413

soil mapping unit 02.414

soil material 02.445

soil matrix 02.448

soil mechanics 03.267

soil microbial biomass 05.002

soil microbiology 01.013

soil microfauna 05.007

soil microflora 05.004

soil micromorphology 01.015

soil microorganism 05.001

soil microscopy 02.506

soil mineral 04.010

soil mineral chemistry 04.001

soil mineral colloid 04.054

soil mineralogy 01.009

soil moisture control section 02.213

soil monolith 02.405

soil morphological characteristics 02.408

soil morphology 02.248

soil natural electric field 03.319

soil necrophagous animal 07.059

soil new growth 02.249

soil nomenclature 02.284

soil nutrient 06.088

soil nutrient chemistry 04.008
soil order 02.274
soil organic colloid 04.053
soil organic matter 05.143
soil organic matter balance 05.144
soil outflux 07.115
soil paramagnetic substance 03.326
soil particle 03.007
soil particle cementation 03.050
soil particle charge 04.074
soil particle coagulation 03.051
soil particle density 03.095
soil particle-size analysis 03.011
soil peel 02.503
soil penetration resistance 03.307
soil perfusion technique 05.065
soil permeability 03.241
soil pH 04.131
soil phase 02.283
soil physical chemistry 04.003
soil physical property 03.001
soil physics 01.006
soil-plant-atmosphere continuum
   03.228
soil pollutant 07.208
soil pollution 07.204
soil pollution chemistry 04.009
soil pollution index 07.215
soil pollution load 07.214
   * soil pollution monitoring 07.199
soil polysaccharide 05.173
soil pool 07.076
soil pore space 03.097
soil porosity 03.098
soil potential acidity 04.135
soil potential evaporation 03.216
soil primary mineral 04.011
soil productivity 07.154
soil productivity grading 07.155
soil profile 02.098
soil puddling 03.312
soil quality 07.153
soil radioactive contamination
   07.207

soil reaction 04.130
soil rédox potential 04.159
soil redox status 04.160
soil redox system 04.158
soil regionalization 01.017
soil regionalization map 02.424
soil rehabilitation 07.152
soil remote sensing 01.026
soil residual acidity 04.136
soil residual alkalinity 04.137
soil residual magnetizability 03.324
soil residues by wind erosion 08.037
soil resources 01.016
soil resources assessment 02.440
soil resources evaluation 02.440
soil resources inventory 02.439
soil respiration 03.248
soil restoration 07.152
soil rheology 03.282
soil-root interface 05.110
soil saccharase 05.204
soil salinity 04.187
soil salt content 04.186
soil sample 02.403
soil saprophagous animal 07.060
soil saturated magnetization 03.323
soil saturation extract 04.193
soil science 01.002
soil secondary mineral 04.012
soil segment 07.128
soil self-purification 07.224
soil self-purification activity 07.225
soil series 02.282
soil shear 03.287
soil shrinkage 03.296
soil soluble salt 04.188
soil solution 04.190
soil solution chemistry 04.007
soil space 07.025
soil spatial distribution 07.026
soil spatial distribution model 07.027
   * soil specific gravity 03.095
soil specific resistance 03.311
soil specific surface area 03.091

soil specific volume 03.106
soil stereonet 07.007
soil strength 03.305
soil structure 03.049 ·
soil structure classification 03.056
soil structure grade 03.066
soil structure type 03.057
soil subecosystem 07.002
soil submicromorphology 02.442
soil subunit 02.375
soil succession 07.123
soil suitability 07.169
soil surface acidity 04.143
soil surface chemistry 04.005
soil survey 02.398
soil swelling 03.292
soil swelling index 03.295
soil swelling pressure 03.294
soil system model 07.118
soil taxon 02.273
soil taxonomic classification 02.359
Soil Taxonomy 02.361
soil taxonomy 02.359
soil temperature 03.251
soil temperature gradient 03.253
soil temperature regime 03.252
soil test 04.189
soil testing and fertilizer recommenda-
   tion 06.266
soil texture 03.027
soil texture profile 03.048
soil thermal balance 03.265
soil thermal capacity 03.257
soil thermal conduction 03.260
soil thermal diffusivity 03.263
soil thermal exchange 03.256
soil thermal regime 03.255
soil three phases 03.002
soil tillage 07.173
soil tilth 07.174
soil total volume 03.003
soil unit 02.374
soil urease 05.190
soil utilization 01.020

soil utilization map 02.423
soil vapor diffusion 03.215
soil variety 02.280
soil vertical distribution 02.431
soil vertical pattern 02.432
soil vertical zonality 02.430
soil viscosity 03.279
soil water 03.110
soil water balance 03.188
soil water characteristic curve
    03.148
soil water constant 03.125
soil water content 03.129
soil water diffusivity 03.167
soil water evaporation 03.214
soil water flow 03.155
soil water form 03.111
soil water hysteresis 03.151
soil water infiltration 03.191
soil water in liquid phase 03.113
soil water in solid phase 03.112
soil water in vapor phase 03.114
soil water potential 03.138
soil water redistribution 03.200
soil water regime 03.134
soil water suction 03.145
soil workability 07.175
soil zonality 02.428
soil zoology 05.005
solid fertilizer 06.157
solid phase volume 03.004
solid runoff 08.175
solifluction 08.052
solodization 02.072
solonchak 02.346
solonetz 02.348
solonization 02.069
solotization 02.072
solubility of fertilizer nutrient
    06.169
soluble nutrient 06.095
solum 02.103
solute convection 03.179
solute diffusion 03.180

solute dispersion 03.181
* solute mass flow 03.179
* solute potential 03.141
solute transfer 03.178
sombric horizon 02.182
SOTER 02.425
source-sink relationship 06.051
sowing of evenland 06.290
SPAC 03.228
spatial variability 03.201
specific adsorption 04.108
* specific heat 03.258
specific water capacity 03.153
spectral characteristics of soil
    02.426
* splash erosion 08.014
split plot design 06.311
split root culture 06.300
spodic horizon 02.183
spodic material 02.233
Spodosol 02.370
spore 05.112
squamose erosion 08.064
stability of soil enzyme 05.195
stable aggregate 03.078
stable infiltration rate 03.197
stable isotope tracer technique
    06.321
stable manure 06.205
stagnic features 02.244
stagnogley 02.397
stagnogley soil 02.397
state factor 07.010
state factor equation 07.011
statistical test 06.319
steady state water flow 03.158
steep slope 08.186
stem nodule 05.033
steppe soil 02.007
steric effect 04.051
sterile culture 06.299
sticky point 03.281
Stokes' law 03.010
stone 03.012

stone check dam 08.230
stone dike terrace 08.241
stony 03.014
straight fertilizer 06.173
straw manure 06.209
structure charge 04.076
structure coefficient 03.087
structure degradation 03.084
structure index 03.085
structure morphology 03.058
structure of soil ecosystem 07.004
structure profile 03.075
structure shrinkage 03.297
structure unit 03.074
stubble mulch 07.183
stubble mulch farming 07.182
stub land 07.181
subalpine meadow soil 02.330
subalpine steppe soil 02.333
subangular blocky structure 03.061
subclass 02.275
subgroup 02.277
submergenic paddy soil 02.350
submicroscopic technique of soil
    02.507
suborder 02.275
subsoil 02.153
subsoil layer 02.149
substratum 02.150
subsurface flow 08.184
succession on abandoned field
    07.190
suction gradient 03.174
sulfidic material 02.235
sulfur bacteria 05.070
sulfur cycle 05.180
sulfur fertilizer 06.193
sulfurication 05.056
sulfuric horizon 02.191
sulphate formations 02.458
supergene enrichment 07.109
surface charge 04.075
surface charge density 04.083
surface complex 04.122

surface dissected degree 08.104
surface drainage 03.203
surface erosion 08.063
surface migration 06.087
surface runoff 08.173
surface soil 02.152

surface soil layer 02.148
suspension effect 04.165
suspension fertilizer 06.158
sustainable agriculture 07.051
symbiont 05.011
symbiosis 05.010

symbiotic nitrogen fixation 05.049
symbiotism 05.009
symplasmid 05.104
symplast transport 06.046
syntrophism 05.134

T

tactoid 04.058
takyr 02.328
technique of fertilization 06.272
* temperature conductivity 03.263
tensile strength 03.290
tensiometer 03.154
terrace 08.235
terra fusca 02.307
terra rossa 02.306
tessera 07.047
tetrahedral sheet 04.020
theory of adsorption 06.024
theory of anion absorption 06.026
theory of mineral nutrition 06.006
theory of organic nutrition 06.004
theory of returns 06.009
theory of soil fertility 07.135
thermal capillary movement 03.164
thermal conductivity 03.262
thermal-process phosphatic fertilizer
  06.186
thermic temperature regime 02.226
thermodynamic soil system 04.182

thermophilic microorganism 05.142
thin clay coating 02.481
thin salt crust 02.263
thin section of soil 02.502
three essential fertilizer ratio 06.147
three essentials of fertilizer 06.144
tier soil 02.338
tile drainage 03.205
tillability 03.314
tillable land 07.188
tillage dynamics 03.269
tillage measures of soil and water con-
  servation 08.261
* tillering stage dressing 06.284
tolerance test 06.303
tonguing 02.242
top dressing 06.282
top-dressing at different stages
  06.284
toposequence 02.038
top soil 02.152
torric moisture regime 02.216

tortuosity 03.109
total acidity 04.144
total nitrogen 06.092
total phosphorus 06.093
total potassium 06.094
total potential 03.143
toxication of organic compound
  05.063
trace element 06.060
tracer nuclides 06.320
transferase 05.203
transpiration 03.217
transpiration coefficient 02.218
transversal slope 08.194
transversal slope cultivation 08.195
trioctahedral sheet 04.023
trophic chain 07.096
trophic groups of microorganisms
  05.113
tundra soil 02.336
1:1 type mineral 04.025
2:1 type mineral 04.026

U

udic moisture regime 02.217
Ultisol 02.371
umbric epipedon 02.160
underground drainage 03.204
underground fire 07.039
underground layer 07.009
* underground runoff 03.192
undisturbed soil 03.076
unifactor experiment 06.305

unit layer 04.024
universal soil loss equation 08.120
unsaturated hydraulic conductivity
  03.170
unsaturated soil water flow 03.157
up and down slope 08.192
up and down slope cultivation
  08.193
upland soil 02.010

upper limit slope for cultivation
  08.189
* upper plastic limit 03.273
urban soil and water conservation
  08.209
urban soil and water loss 08.208
urease inhibitor 06.183
USLE 08.120
ustic moisture regime 02.219

utilization coefficient of energy   07.089

utilization rate of fertilizer   06.170

V

valley   08.078

value of air-entry suction   03.152

vapor movement   03.166

variable charge   04.081

vector analysis   07.102

vegetable garden soil   02.354

vegetation covered ridge   08.244

velocity factor   06.103

vermiculite   04.035

vertical distribution of erosion
    08.111

vertic features   02.246

Vertisol   02.372

vert space   07.028

vesicle   02.494

vesicular crust layer   02.135

vicious cycle   07.112

Viet's effect   06.040

volume heat capacity   03.259

volumetric water content   03.133

vugh   02.492

W

warp land dam   08.228

washing hole   08.059

water agency   08.092

water culture   06.293

water deficit   07.095

water desorption curve   03.149

water erosion   08.012

water erosion prediction program
    08.121

water-extractable acid of soil   04.141

waterfall erosion   08.086

water flooding   03.212

water flux   03.176

water flux density   03.177

water-holding pore   03.101

water-holding porosity   03.105

water immersed soil density   03.107

waterlogged compost   06.207

waterlogging   03.211

waterloggogenic horizon   02.143

waterloggogenic paddy soil   02.351

water potential gradient   03.171

water preserving capability   07.159

* water requirement   03.218

water saving agriculture   03.235

water saving irrigation   03.234

water soluble nutrient   06.096

water-soluble phosphatic fertilizer
    06.187

water sorption curve   03.150

water stable aggregate   03.079

water storage layer   03.210

water stress   03.227

water supply   07.094

water supplying capability   07.160

weatherable mineral   02.236

weathering   02.016

weathering argillan   02.480

weathering clay body   02.486

weathering crust   02.028

weathering index   02.023

weathering intensity   02.022

weathering product   02.020

weathering residue   02.021

weathering sequence of mineral
    04.047

wedge zone   04.050

WEPP   08.121

wetland soil   02.012

wet-process phosphatic fertilizer
    06.185

wetting front   03.199

wetting heat   03.261

whiptail   06.243

white bud   06.248

white eye   02.258

white-grey symptom   06.245

whole layer fertilization   06.277

willow check dam   08.231

wilting point   03.128

wind abrasion   08.024

wind agency   08.093

* wind blowout erosion   08.022

wind break   08.036

wind break and sand fixation forest
    08.259

wind break forest   08.258

wind deposition   08.198

wind drift   08.023

wind erosion class   08.041

wind erosion hazard   08.039

wind erosion intensity   08.040

wind erosion prediction   08.042

wind erosion prediction equation
    08.043

wind erosion prediction model
    08.044

wind erosion type   08.038

World Soils and Terrain Digital Data
    Base   02.425

X

xenobiotic pollutants 05.135
xenobiotic substances 05.114

xeric moisture regime 02.220

xylem transport 06.049

Y

yellow-brown soil 02.310
yellow-cinnamon soil 02.311

yellow soil 02.303

young soil 02.040

Z

zero point charge 04.166
zero tillage 07.179

zonal soil 02.287
zone of capillary flow 03.161

ZPC 04.166
zymogenic bacteria 05.019

汉 文 索 引

A

阿特贝限　03.272

埃洛石　04.030

氨毒　06.081

氨化作用　05.058

氨态氮肥　06.176

氨氧化细菌　05.136

铵固定　04.172

铵态氮　06.124

铵态氮肥　06.175

暗管排水　03.205

暗瘠表层　02.160

暗沃表层　02.159

暗沃土　02.368

暗棕壤　02.314

螯合肥料　06.162

螯合淋溶作用　02.061

B

八面体片　04.021

白浆土　02.317

*白苗症　06.248

白芽症　06.248

半分解有机层　02.130

半风化体　02.027

半腐有机土壤物质　02.239

半腐殖质　02.498

半干润水分状况　02.219

半固定沙丘　08.034

半水成土　02.292

半休闲地　07.192

胞内酶　05.193

胞外酶　05.192

胞饮作用　06.033

包膜肥料　06.163

孢子　05.112

薄层土　02.379

薄铁磐层　02.178

保肥性　07.157

保护地气体毒害　06.254

保护地盐害　06.253

保水性　07.159

保土耕作　07.184

保土作物　07.172

饱和导水率　03.169

饱和含水量　03.126

饱和施肥　06.269

报酬递减律　06.008

暴雨侵蚀　08.015

贝得石　04.033

被动吸收[水分]　03.230

被动吸收[养分]　06.021

崩岗　08.048

崩积土　02.296

崩积物　02.116

崩塌　08.047

*比热　03.258

比水容量　03.153

必需元素　06.057

鞭尾症　06.243

边际产量[统计]　06.261

边际产值　06.262

边际成本　06.263

边际代替率　06.259

边际利润　06.264

边际效应　06.260

*变性特征　02.246

*变性土　02.372

*变质黏化作用　02.091

变种　02.280

标明量　06.142

[表观]平均停留时间　02.052

表面电荷　04.075

表面电荷密度　04.083

表面络合物　04.122

表面迁移　06.087

表生富集　07.109

表土　02.152

表土层　02.148

冰川沉积物　02.122

冰川侵蚀　08.054

冰水沉积物　02.123

冰沼土　02.336

饼肥　06.211

病土　07.168

剥蚀　08.060

薄膜水　03.116

薄膜运动　03.165

捕食现象　05.016

不透水层　03.208

*不完全培养液　06.295

不完全区组设计　06.309

不谐溶　04.126

C

D

道路侵蚀 08.085
道南平衡 06.028
等电点 04.167
等高草带 08.267
等高带状间作 08.266
等高耕作 08.265
＊低层火 07.038
低地土壤 02.011
低活性淋溶土 02.385
低活性强酸土 02.387
低营养流生境 05.128
底面间距 04.027
底土 02.154
底土层 02.150
地被层 07.040
地表径流 08.173
地埂 08.243
地理发生分类 02.266
地貌 07.024
地面割裂度 08.104
地面火 07.038
地面排水 03.203

地上层 07.008
地位级 07.033
地位指数 07.034
地下层 07.009
地下火 07.039
地下排水 03.204
地形系列 02.038
＊地质侵蚀 08.001
第四纪红色黏土 02.127
垫熟表层 02.158
电荷零点 04.166
电化学势梯度 06.068
＊ζ电位 04.162
淀积层 02.112
淀积黏化层 02.173
淀积黏化[作用] 02.092
淀积黏粒胶膜 02.479
淀积作用 02.063
凋落物 07.042
跌水侵蚀 08.086
跌穴 08.057
叠胶 04.058

顶极土壤 02.042
定位研究 07.048
动电电位 04.162
动力因素 06.106
动态模型 07.121
动植物残体 05.172
冻融交替[作用] 03.053
冻融侵蚀 08.053
冻土效应 05.176
洞穴侵蚀 08.055
陡坡 08.186
豆科绿肥 06.214
豆血红蛋白 05.042
毒性有机物的去毒作用 05.062
短距离运输 06.047
断键 04.048
堆垫表层 02.165
堆肥 06.206
堆积 08.199
堆集性孔隙 02.490
＊多水高岭石 04.030
多因子试验 06.306

E

恶性循环 07.112

二八面体片 04.022

F

发酵性细菌 05.019
发生层分化 02.105
发生层界线 02.106
发生层命名 02.107
发生土壤学 01.003
＊DRIS法 06.233
反荷离子 04.114
反硫化作用 05.057
反坡梯田 08.240
反硝化细菌 05.072
反硝化作用 05.053
＊返青肥 06.284
泛域土 02.289
防风固沙林 08.259
防风林 08.258

放射[性]碳定年 02.051
放射性同位素示踪技术 06.322
放射自显影术 06.323
放线菌根瘤 05.032
放线菌根瘤共生 05.085
非饱和导水率 03.170
非豆科绿肥 06.215
非共生固氮作用 05.050
＊非交换性钾 06.136
非交换性养分 06.101
非晶物质 04.019
非竞争性抑制 06.039
非林地土壤 07.036
非生物物质 05.114
非稳定性团聚体 03.081

非稳态水流 03.159
非专性吸附 04.109
肥料 06.140
肥料调理剂 06.165
肥料分析式 06.145
肥料利用率 06.170
肥料配合式 06.146
肥料品位 06.141
肥料溶解度 06.168
肥料三要素 06.144
肥料试验 06.286
肥料试验设计 06.304
肥料添加剂 06.166
肥料填料 06.167
肥料污染 07.206

肥料效应 06.257
肥料效应函数 06.258
肥料养分 06.143
肥料养分溶解度 06.169
肥料最大效率期 06.017
肥熟表层 02.166
肥土 07.165
废弃物肥料 06.217
分层施肥 06.278
*分隔培养 06.300
分根培养 06.300
分解者 07.063
*分蘖肥 06.284
分期施肥 06.284
分散系数 03.086
分室 07.080
分室模型 07.119
粉[砂]粒 03.020
粉[砂]黏土 03.038
粉[砂]壤土 03.033
粉[砂]土 03.030
粉[砂]质黏壤土 03.036
粪粒 07.069
粪粒团聚体 02.500
粪粒性腐殖质 07.070
^{15}N 丰度测定 06.324
封闭生态系统 07.082
封山育林 08.253
风干土 03.135

风化残余物 02.021
风化产物 02.020
风化淋溶系数 02.026
风化黏粒胶膜 02.480
风化黏粒体 02.486
风化强度 02.022
风化壳 02.028
风化指数 02.023
风化作用 02.016
风积 08.198
风积土 02.298
风积物 02.124
风力 08.093
风沙土 02.358
风蚀 08.022
风蚀残墩 08.037
风蚀等级 08.041
风蚀类型 08.038
风蚀强度 08.040
风蚀预报 08.042
风蚀预报方程 08.043
风蚀预报模型 08.044
风蚀灾害 08.039
风障 08.036
腐解作用 05.137
腐生生物 07.064
腐生生物群落 07.065
腐生食物链 07.073
腐心症 06.246

*腐岩 02.027
腐殖化程度 05.170
腐殖化系数 05.169
腐殖化作用 05.154
腐殖酸 05.155
腐殖酸类肥料 06.212
腐殖物质 05.151
*腐殖物质 E4/E6 比值 05.166
腐殖物质发色基团 05.165
腐殖物质生理效应 05.168
腐殖物质组分 05.164
腐殖质层 02.110
腐殖质淀积层 02.182
腐殖质积累作用 02.066
腐殖质组型 02.496
覆盖植物 07.044
复钙作用 02.075
复合肥料 06.197
复合农林业 07.052
复合形成物 02.476
复混肥料 06.200
*复粒 03.073
复式梯田 08.239
负吸附 04.112
富啡酸 05.161
富集 07.108
富铝化[作用] 02.087
富营养化 07.222
附生菌 05.025

G

钙肥 06.191
钙积层 02.189
钙积土 02.382
钙积作用 02.074
钙磐 02.256
*钙调蛋白 06.082
钙调素 06.082
钙质结核 02.254
钙质黏粒 04.060
钙质土指示植物 07.017
干沟 08.079
干旱水分状况 02.215

干旱土 02.363
干热水分状况 02.216
干湿交替[作用] 03.052
干土效应 05.175
干燥度 03.224
高分解有机层 02.131
高腐有机土壤物质 02.240
高活性淋溶土 02.384
高活性强酸土 02.386
高岭层 02.176
高岭石 04.029
高热温度状况 02.227

高山草甸土 02.329
高山草原土 02.332
高山土壤 02.015
戈壁 08.031
隔坡梯田 08.238
*隔室 07.080
根拱小土墩 07.134
*根际 05.021
*根际营养 06.010
根瘤菌 05.066
根瘤菌毒素 05.109
根瘤菌根瘤 05.030

根瘤菌剂 05.031
根瘤素 05.098
根面 05.029
根区 05.028
根圈 05.021
＊根圈定值 05.088
根圈微生物 05.022
根圈效应 05.026
根圈营养 06.010
根土比 05.027
根外施肥 06.283
根外营养 06.014
根系分泌物 06.012
根系截获 06.041
根系阳离子交换量 06.013
根氧化力 06.011
耕垦症 06.239
耕作层 02.133
耕作淀积层 02.172
耕作动力学 03.269
耕作土壤 02.005
耕作土壤学 01.004
＊耕作症 06.239
供肥性 07.158
供水性 07.160

共代谢 05.064
共生固氮作用 05.049
共生关系 05.010
共生生物 05.011
共生现象 05.009
共生质粒 05.104
共质体运输 06.046
沟道防护林 08.255
沟道密度 08.103
沟谷侵蚀 08.071
沟垄耕作 08.264
沟头防护工程 08.232
枸溶性磷 06.132
枸溶性磷肥 06.188
古代侵蚀 08.001
古土壤 02.044
古土壤学 02.043
谷坊 08.229
固氮基因 05.044
固氮酶 05.043
固氮酶活性 05.047
固氮作用 05.045
固定沙丘 08.035
固定作用 04.121
固体肥料 06.157

固体径流 08.175
固相容积 03.004
固有电荷 04.079
＊管道状孔隙 02.491
灌丛小土丘 07.133
灌溉 03.232
灌溉侵蚀 08.019
灌溉效益 03.233
灌淤表层 02.164
灌淤土 02.355
光合微生物 05.132
光性定向黏粒 02.477
硅肥 06.196
硅化[作用] 02.080
硅铝风化壳 02.032
硅铝化[作用] 02.085
硅铝率 02.024
硅铝铁率 02.025
硅烷醇基 04.065
硅氧烷表面 04.064
硅质硬结核 02.199
硅质硬磐 02.180
归还学说 06.009
龟裂土 02.328
过渡矿物 04.037

H

含硫层 02.191
含沙量 08.203
含盐风化壳 02.030
寒冻土 02.335
寒冻温度状况 02.222
＊寒钙土 02.332
寒漠土 02.334
寒性温度状况 02.223
旱地土壤 02.010
旱井 08.249
旱农 03.225
好气分解 05.077
耗地作物 07.171
耗竭耕作 07.186
耗竭试验 06.302
褐红土 02.305

褐土 02.313
黑钙土 02.321
黑垆土 02.337
黑色表层 02.162
黑色石灰土 02.308
黑土 02.320
黑箱理论 07.106
＊黑毡土 02.330
横坡 08.194
横坡耕作 08.195
＊横向运输 06.047
恒电荷表面 04.072
恒电位表面 04.073
恒高热温度状况 02.231
恒冷性温度状况 02.228
恒热性温度状况 02.230

恒温性温度状况 02.229
烘干土 03.136
洪积物 02.118
洪水侵蚀 08.017
红化[作用] 02.084
红壤 02.301
红色石灰土 02.306
呼吸商 03.250
胡敏素 05.162
胡敏酸 05.156
胡敏酸 A4/A6 比值 05.166
胡敏酸－富啡酸比值 05.167
湖积物 02.120
互补离子 04.115
互补离子效应 04.116
互接种族 05.017

J

接触交换 06.023
*接触排出 06.023
*接触吸收 06.023
接种密度 05.094
接种物 05.093
秸秆肥 06.209
阶段营养期 06.015
节水灌溉 03.234
节水农业 03.235
结构单位 03.074
结构电荷 04.076
结构剖面 03.075
结构收缩 03.297
*结构体 03.074
结构退化 03.084
结构系数 03.087
结构形态 03.058
结构指标 03.085
结核 02.464
结晶矿物 04.018
结瘤 05.040

结瘤基因 05.099
结瘤因子 05.100
*结皮 03.077
结壳 03.077
解吸作用 04.120
金属－腐殖物质络合物 05.171
进气吸力值 03.152
浸水土壤密度 03.107
茎瘤 05.033
晶管 02.467
晶膜 02.466
晶囊 02.468
晶霜 02.470
晶页 02.469
经济产量 07.054
*经济肥力 07.139
经济施肥 06.271
经济最佳施肥量 06.274
景观 07.023
径流 08.172

径流动能 08.171
径流汇集 08.178
径流侵蚀力 08.170
径流因子 08.179
竞争结瘤 05.041
竞争性抑制 06.038
厩肥 06.205
聚合土体 02.097
聚铁网纹层 02.208
聚铁网纹体 02.207
聚铁网纹土 02.393
巨型剖面 02.100
决定电位离子 04.085
绝对含水量 03.130
均腐土 02.395
*菌肥 06.218
菌根 05.034
*VA 菌根 05.037
菌根圈 05.097
*菌剂 06.218

K

开放生态系统 07.081
抗拉强度 03.290
颗粒肥料 06.159
*颗粒组成 03.008
可变电荷 04.081
可辨认次生碳酸盐 02.200
可持续农业 07.051
可风化矿物 02.236
可耕地 07.188
可耕性 03.314
可垦地 07.187
可溶性养分 06.095
可塑性 03.276
垦殖耕作 07.185

空间变异 03.201
*空间效应 04.051
孔道 02.491
孔洞 02.492
孔径分布 03.096
孔囊 02.493
孔泡 02.494
孔泡结皮层 02.135
孔隙比 03.108
枯枝落叶层 07.043
苦陷症 06.250
块状结构 03.059
矿化速率 06.130

矿化作用 05.060
*矿态氮 06.120
*矿物风化阶段 04.047
矿物风化序列 04.047
矿物态钾 06.137
*矿质肥料 06.171
矿质营养学说 06.006
匮乏元素 07.107
扩散－弥散 03.182
扩散－弥散系数 03.185
扩散双电层 04.084
扩散系数 03.183
扩散[养分] 06.043

L

拉丁方设计 06.310
蓝细菌 05.089
*蓝藻 05.089

老成土 02.371
*涝 03.211
垒结型式 02.453

类菌体 05.038
棱状结构 03.064
*冷钙土 02.333

内共生体 05.127
*内含土壤形成物 02.476
内垒结 02.452
内圈络合物 04.123
内生菌 05.024
内生菌根 05.036
内通透性 03.198
能量传输 07.083
能量交换 07.084
能量利用系数 07.089
能量平衡 07.088
能量释放 07.085
能量收支 07.087
能量损失 07.086
能量转变 07.091
能量转化率 07.090
能流 07.092
能斯特方程 06.029
泥流 08.052
泥沙 08.200
泥沙输移比 08.204

泥沙质量评价 08.205
泥石流 08.051
泥炭 06.210
泥炭层 02.141
泥炭土 02.341
泥炭形成[作用] 02.067
年代序列 02.037
黏化层 02.174
黏化[作用] 02.089
黏粒 03.021
黏粒薄膜 02.481
黏粒活度 03.285
黏粒集结体 02.485
黏粒假晶 02.488
黏粒胶膜 02.478
黏粒矿物 04.016
黏粒淋失斑 02.484
黏粒桥 02.483
黏粒填塞体 02.482
黏粒镶边 02.487

黏粒形成物 02.455
黏磐 02.175
黏磐土 02.388
黏壤土 03.035
黏绐土 02.391
黏土 03.039
黏土矿物 04.015
黏细菌 05.074
黏着点 03.281
脲酶抑制剂 06.183
凝块 02.463
凝团 02.462
浓聚物 02.460
*农家肥料 06.202
农田防护林 08.257
农药污染 07.205
农业化学 01.010
农业化学分析 01.024
农业生态系统 07.050
农用食盐 06.194

O

沤肥 06.207

P

配成复合肥料 06.199
配位体交换 04.127
盆栽试验 06.291
膨转特征 02.246
膨转土 02.372
偏害共栖现象 05.013
偏利共栖现象 05.012
片蚀 08.062
片状层 02.136

片状结构 03.065
漂白层 02.169
漂白物质 02.194
漂白物质指间状延伸 02.195
漂洗层 02.138
漂洗水稻土 02.353
贫营养化 07.223
贫营养微生物 05.102
贫营养性 05.101

坡长 08.190
坡度 08.185
坡积物 02.117
坡面侵蚀 08.066
坡式梯田 08.237
破裂系数 03.088
剖面构型 02.102
剖面性态 02.409
谱系式分类 02.360

Q

脐腐症 06.251
*气泡状孔隙 02.494
气体肥料 06.161

气通量 03.246
气相容积 03.006
弃耕地 07.189

弃耕地演替 07.190
潜育层 02.142
潜育水稻土 02.352

T

W

X

Z